Projektmanagement im Marketing

Benedict Gross

Projektmanagement im Marketing

Gebrauchsanweisung für kreative Projekte

1. Auflage

Haufe Gruppe
Freiburg · München · Stuttgart

Bibliografische Information der Deutschen Nationalbibliothek
Die Deutsche Nationalbibliothek verzeichnet diese Publikation in der Deutschen Nationalbibliografie; detaillierte bibliografische Daten sind im Internet über http://dnb.dnb.de abrufbar.

Print: ISBN 978-3-648-08646-9 Bestell-Nr. 10420-0001
ePUB: ISBN 978-3-648-08647-6 Bestell-Nr. 10420-0100
ePDF: ISBN 978-3-648-08648-3 Bestell-Nr. 10420-0150

Benedict Gross
Projektmanagement im Marketing
1. Auflage 2017

© 2017 Haufe-Lexware GmbH & Co. KG, Freiburg
www.haufe.de
info@haufe.de
Produktmanagement: Nadine Öfele

Lektorat: Nicole Jähnichen, München
Satz: kühn & weyh Software GmbH, Satz und Medien, Freiburg
Umschlag: RED GmbH, Krailling
Druck: BELTZ Bad Langensalza GmbH, Bad Langensalza

Alle Angaben/Daten nach bestem Wissen, jedoch ohne Gewähr für Vollständigkeit und Richtigkeit. Alle Rechte, auch die des auszugsweisen Nachdrucks, der fotomechanischen Wiedergabe (einschließlich Mikrokopie) sowie der Auswertung durch Datenbanken oder ähnliche Einrichtungen, vorbehalten.

Inhaltsverzeichnis

Vorwort 9

1	**Das Florentiner-Dom-Projekt, oder:**	
	Was sich aus der Geschichte lernen lässt	11
1.1	Filippo Brunelleschi: alter Baumeister mit sehr modernen Ansätzen ...	11
1.2	Viel mehr als nur ein Bauprojekt	14
1.3	Von der Vergangenheit in die Gegenwart	16
2	**Was macht Projekte aus?**	19
2.1	Einmalige und neuartige Vorhaben	20
2.2	Zeit, Kosten und Leistung	22
2.3	Leistungsumfang vs. Liefergegenstand	24
2.4	Die Projektarten	25
2.5	Das Projektmanagement	28
2.6	Der Projekterfolg	29
2.7	Der Auftrag und die Ziele	31
2.8	Die Rollen im Projekt	32
	2.8.1 Formelle Rollen	32
	2.8.2 Die Rollenklärung	35
3	**Der Projektauftrag**	37
3.1	Die Basis: Wer will was von wem woraus?	37
3.2	Der Vertragsschluss	37
3.3	Die Vertragsarten	38
3.4	Die Vertragsgestaltung	39
3.5	Rahmenverträge	40
3.6	Vollmachten	40
3.7	Abrechnungsvereinbarungen	41
	3.7.1 Festpreis	41
	3.7.2 Nach Zeit und Aufwand	41
	3.7.3 Prämien und erfolgsabhängige Vergütung	41
	3.7.4 Vorschüsse und Ratenzahlung	42
3.8	Die notwendigen Inhalte eines Vertrages	42
4	**Die Ziele eines Projektes**	45
4.1	Zieldimensionen	46
4.2	Formulierung von Zielen	47
4.3	Weiterentwicklung von Zielen	48
4.4	Operationalisierung von Zielen	48

5	**Die Stakeholder**	**51**
5.1	Wer sind die Stakeholder?	52
5.2	Stakeholderanalyse	53
	5.2.1 Tabellarische Stakeholderanalyse	53
	5.2.2 Systemische Stakeholderanalyse	55
5.3	Bedürfnisse von Stakeholdern	57
5.4	Konflikte mit Stakeholdern	60
	5.4.1 Das Harvard Konzept: hart, aber fair verhandeln	61
	5.4.2 Die Eskalationsstufen	62
5.5	Strategien im Umgang mit Stakeholdern	65
6	**Das Projektteam**	**69**
6.1	Wie ein Team funktioniert	70
6.2	Phasen der Teamentwicklung	72
6.3	Informelle und persönliche Rollen in Teams	74
6.4	Selbstorganisierende Teams	75
6.5	Organigramme	77
6.6	Techniken und Methoden für effiziente Teams	80
	6.6.1 Sit Together	80
	6.6.2 Design Thinking	81
	6.6.3 On-Site-Customer	82
	6.6.4 Pair Programming	83
	6.6.5 Informative Workspace	84
	6.6.6 Root-Cause-Analysen und Retrospektiven	84
	6.6.7 Six Thinking Hats	85
	6.6.8 Groupthink verhindern	86
7	**Kommunikation**	**89**
7.1	Kommunikationsplan	89
7.2	Meetings	91
	7.2.1 Grundsätze für effiziente Meetings	91
	7.2.2 Stand-up-Meetings	92
7.3	Kommunikationsmittel	92
8	**Leistungsumfang und Ergebnis**	**95**
8.1	Der Projektstrukturplan	96
8.2	Iteratives und inkrementelles Vorgehen	100
8.3	Arbeitspakete	103
8.4	User Stories	105
8.5	Die Kanban-Methode	106

9	Ressourcen und Finanzmittel	109
9.1	Personentage: die projektbezogene Währung	109
9.2	Die Kostenplanung	111
9.3	Aufwand- und Ressourcenplanung	112
	9.3.1 Experten- und Gruppenschätzungen	113
	9.3.2 Planning Poker	116
	9.3.3 Die VMI-Matrix	117
9.4	Liquiditätsplanung	119
10	Zeit und Ablauf	121
10.1	Die Phasen eines Projekts	122
10.2	Vernetzte Balkendiagramme	122
10.3	Critical Chain	126
10.4	Timeboxing	128
11	Überwachung und Steuerung	131
11.1	Projekt Cockpit	132
11.2	Soll-Ist-Analysen	133
	11.2.1 Earned Value Analyse	133
	11.2.2 Projektcontrolling mit Bordmitteln	135
	11.2.3 Burn Down Charts	137
11.3	Puffer	138
	11.3.1 Zeit- und Kostenpuffer	138
	11.3.2 Puffer im Leistungsumfang	139
11.4	Change Requests	140
	11.4.1 Das Change-Request-Verfahren	140
	11.4.2 Änderungswünsche und Timeboxing	142
11.5	Der Projektreport	142
12	Risiken	145
12.1	Verwundbarkeit	146
12.2	Risikoanalyse	147
12.3	Strategien im Umgang mit Risiken	147
13	Projektabschluss	149
13.1	De-Staffing	149
13.2	Übergabe	150
13.3	Lessons Learned	151
13.4	Projektabschlussfeier	151
13.5	Entlastung	152

14	**Ein Ausblick**	153
14.1	Agiles Projektmanagement	153
14.2	Checkliste: Die Basics in zehn Punkten	154
14.3	Project Excellence	156
14.4	Checkliste für Fortgeschrittene: Project Excellence im Schnelltest	157

Credits und Quellen	159
Stichwortverzeichnis	165

Vorwort

Zugegeben, Projektmanagement steht nicht im Ruf, besonders kreativ zu sein. Viele Menschen sehen pedantische Zahlenmenschen vor sich, die über Excel-Tabellen brüten und streng und unerbittlich auf der Einhaltung von Plänen bestehen, wenn sie sich Projektmanager vorstellen.

Die Realität sieht heutzutage anders aus. Projektmanagement kann durchaus kreativ sein; das muss es immer häufiger sogar auch sein. Es ist zudem immer noch eine relativ junge Disziplin und unterliegt einer ständigen Weiterentwicklung. Längst hat man erkannt, dass kommunikative und soziale Kompetenzen für einen Projektmanager mindestens ebenso wichtig sind wie Planungs- und Steuerungsmethoden. Gleichzeitig wird das, was über Jahrzehnte als State of the Art der Planung galt, immer mehr abgelöst durch leichtgewichtige und agile Ansätze, die aus der Softwareentwicklung stammen. Sie bereichern inzwischen viele Projekte in anderen Branchen und Berufsfeldern.

Auch die Arbeitswelt um uns herum wandelt sich. Im Marketing und anderen Bereichen, die auf Kreativität fußen, reicht eine gute Idee alleine nicht mehr aus – am Ende zählt deren professionelle Realisation. Der Auftraggeber will Erfolge nachgewiesen haben und erwartet Planbarkeit und Professionalität bei der Umsetzung. Er verlangt, dass aus einer guten Idee innerhalb der geplanten Zeit, des angesetzten Budgets und mit den vereinbarten Leistungen Realität wird. Die Tools und Methoden des Projektmanagements sind dabei eine wertvolle Hilfe. Projektmanagement wird so zur notwendigen Kompetenz des Kreativen, egal, ob er als Freelancer, in einer Agentur oder angestellt in einem Unternehmen tätig ist.

Dieses Buch unterstützt Sie dabei, diese Kompetenz zu entwickeln. Maßgeschneidert auf die Besonderheiten von Marketing- und anderen kreativen Projekten versetzt es Sie in die Lage, hilfreiche Strukturen in Ihr Projekt zu bringen.

Wenn das Ergebnis des Projektes zu Beginn noch nicht klar ist – wie sollte es auch, denn es ist ja die Aufgabe des Kreativen, es zu erfinden, zu kreieren –, dann funktionieren nicht alle traditionellen Methoden des Projektmanagements zufriedenstellend. Deswegen werden hier vor allem solche Ansätze des Projektmanagements vorgestellt, die besonders gut zu kreativen Projekten passen.

Vorwort

Sir Ken Robinson, ein britischer Autor und kritischer Denker im Bereich Bildung und Kreativität, sagte einmal: »If you are not prepared to be wrong, you'll never come up with anything original«. Genauso verhält es sich, wenn es um kreative Projekte geht. Kreativität braucht Freiheiten und Spielraum. Alle Beteiligten sollten darauf vorbereitet sein, dass sich die Realisierung einige Male im Kreis dreht und dass man vielleicht mehrfach komplett neu ansetzen muss. Ständige Veränderung und sprunghafte Kundenerwartungen gehören zur Normalität. Schließlich ist Kreativität eine Form des ständigen Problemlösens und ein permanentes Suchen nach neuen Ansätzen und Alternativen. An diesen speziellen Erfordernissen müssen sich die Methoden des Projektmanagements orientieren. Sie müssen sie willkommen heißen, unterstützen, ermöglichen – aber keinesfalls abwehren und zunichtemachen.

Alle Instrumente des Projektmanagements in Vollständigkeit abzubilden, würde den Rahmen dieses Buches sprengen und ist auch nicht seine Intention. Es ist jedoch prall gefüllt mit nützlichem, bewährtem Handwerkszeug und leicht umsetzbaren Methoden, um Ihre Kreativität mithilfe des Projektmanagements in erfolgreiche Ergebnisse zu wandeln.

Viel Spaß beim Lesen und Erfolg in Ihren Projekten wünscht
Benedict Gross

1 Das Florentiner-Dom-Projekt, oder: Was sich aus der Geschichte lernen lässt

Im 14. Jahrhundert war die Stadt Florenz eine florierende Finanzmetropole; die Bevölkerung wuchs rapide. Die Stadtväter waren eng verwoben mit der mächtigen Medici Familie und wussten, wie wichtig Baudenkmäler für die Reputation und Attraktivität einer Metropole waren. Genau deswegen planten sie, eine Kathedrale zu errichten, die Pilger aus ganz Europa anziehen würde. Nicht weniger als 30.000 Besucher sollte die neue Kirche fassen. Schon 1296 hatte man damit begonnen, die Kirche zu bauen.

Der Auftrag zum Kuppelbau wurde erst über 100 Jahre später vergeben, im Jahr 1418, nachdem die Arbeiten über 50 Jahre lang stillgestanden hatten. Daran war nicht etwa mangelnde Projektplanung schuld. Die aus heutiger Sicht absurd erscheinende Verzögerung war Absicht. Das Gesamtprojekt wurde in mehreren Bauabschnitten geplant und bei Grundsteinlegung hatte noch niemand eine Idee, wie man eine Kuppel mit einem Durchmesser von 45 Metern aufgesetzt auf Mauern bauen könnte, die selber schon 55 Meter in die Höhe ragen. Zwar gab es bereits damals ein Referenzprojekt, das Pantheon in Rom. Allerdings war dieses über 1.300 Jahre früher errichtet worden und das Wissen über den Kuppelbau längst verloren gegangen.

1.1 Filippo Brunelleschi: alter Baumeister mit sehr modernen Ansätzen

In Architekturwettbewerben und Expertenkonferenzen setzte sich schließlich ein Mann für das ehrgeizige Projekt durch, der eigentlich gar kein Baumeister war. Filippo Brunelleschi, gelernter Goldschmied, studierte die römische Architektur sehr genau und versuchte herauszufinden, was das Geheimnis der frühen Bauherren war. Er schlug vor, die Kuppel frei- und selbsttragend zu errichten und auf eine Stützkonstruktion zu verzichten. Seinen Auftraggebern war das nur recht, denn ausreichend Holz für ein Baugerüst dieser Größe hätte es in der ganzen Toskana nicht gegeben und die Vorschläge anderer Architekten waren zum Teil abstrus. So schlug einer von Brunelleschis Konkurrenten wohl vor, man könnte den Innenraum der Kuppel mit Erde füllen und wenn die Kuppel schließlich fertig wäre, würde man den geldgierigen Florentinern sagen, dass in die Erde Geldstücke eingemischt seien, um sie dazu zu bewegen, den Hohlraum freizulegen.

Natürlich liefen weder Beauftragung noch Durchführung der Bauarbeiten ohne italienisches Drama und opernreife Intrigen ab, dennoch scheint Brunelleschi ein beeindruckendes Projektmanagement geleistet zu haben. Das anfängliche Wissensdefizit hinsichtlich der Baumethoden glich er durch seine Studien der römischen Architekturvorbilder aus. Heute würde man das Reverse Engineering nennen. Zudem musste er die mangelhafte Vorleistung aus den ersten Bauphasen irgendwie kompensieren, denn der tragende Unterbau war im vorhergehenden Bauabschnitt nicht symmetrisch errichtet worden. Das waren allerdings eher kleinere Herausforderungen, verglichen mit der Stützkonstruktion für den Kuppelbau. Aufgrund der schieren Dimension des Vorhabens und des Holzmangels in der Toskana schieden die traditionellen Baumethoden aus. Brunelleschi probierte eine radikal neue Vorgehensweise: Die Kuppel wurde mit einer Innen- und einer Außenhaut errichtet, die sich gegenseitig stabilisierten und gleichzeitig Gewicht sparten. Dadurch war ein Stützgerüst aus Holz nicht mehr erforderlich und auch die Mängel der Stützkonstruktion konnten damit leichter ausgeglichen werden.

Auch was das Management angeht, beeindruckt seine Leistung. Durch Parallelisieren der Arbeit mit acht Bauplattformen, von denen aus die Kuppel synchron in die Höhe gebaut wurde, konnte Brunelleschi die Bauzeit deutlich beschleunigen, während er sein Konzept gegen immer neue Wünsche seiner Auftraggeber verteidigte. Einige technische Lösungen musste er erst entwickeln, etwa die mobilen Bauplattformen mit Wandankern und die Dreh- und Hebekräne, die Material in die enormen Höhen liften konnten.

Besonders bemerkenswert sind einige Ansätze im Zusammenhang mit Brunelleschis Personalführung, die im Inhalt moderner nicht sein könnten. In vielen Details scheint er vor mehr als 600 Jahren bereits Führungsansätze angewendet zu haben, die heute für teuer Geld in Scharen von Mittelmanagern eintrainiert werden müssen.

Als Baumeister füllte er seine Rolle, indem er die Gesamtabläufe im Großen organisierte, aber sich höchstpersönlich auch für die fachliche Anleitung und das Mentoring der Arbeiter verantwortlich fühlte. Dazu visualisierte er viel, zeichnete in Sand, auf Pergament oder schnitzte Modelle, bis die Arbeiter genau verstanden hatten, was ihre Aufgaben und der Sinn dahinter waren. Er delegierte die Aufsicht der acht parallelen Teams jeweils an Teamleiter. Er selber kannte und überwachte den kritischen Pfad des Projektes, wusste also, wo sich Verzögerungen anbahnten. Die Löhne wurden leistungsorientiert gezahlt, abhängig von der Qualität der Arbeit, vom Risiko des Arbeitsplatzes und der geleisteten Arbeitszeit, was für die damaligen Verhältnisse höchst ungewöhnlich war. Die Qualität der Arbeit war hoch durch den Einsatz qualifizierter Arbeiter, die in Gilden or-

Filippo Brunelleschi: alter Baumeister mit sehr modernen Ansätzen

ganisiert waren. Auf Billiglöhner und Offshore-Entwicklung wurde verzichtet. Die Qualitätskontrolle lief in mehreren Stufen: Zuerst kontrollierte der Arbeiter, dann der Vorarbeiter und zuletzt begutachtete der Meister selber jeden Stein. Es ist überliefert, dass Brunelleschis Präsenz vor Ort und sein direkter Kontakt zu den Arbeitern ein hohes Maß an Vertrauen im Team hervorgebracht haben.

Auch auf Arbeitssicherheit wurde geachtet: Die Schutzgeländer an den Bauplattformen in großer Höhe waren keine Selbstverständlichkeit damals, sichere Hebevorrichtungen und gut ausgebildetes Personal ebenso wenig. Später richtete man sogar eine Mittagsverpflegung auf halber Höhe ein, damit die Arbeiter nicht den langen und gefährlichen Weg nach ganz unten zum Mittagessen auf sich nehmen mussten. Drei tödliche Arbeitsunfälle über die gesamte Kuppelbauzeit von 16 Jahren sind eine bemerkenswert niedrige Unfallrate – sogar verglichen mit heutigen Großbaustellen. Schließlich wurden Erfolge auch mit den Arbeitern gefeiert und jede wichtige Projektphase mit einem Festessen oder Freiwein begangen.

So ist Brunelleschi als genialer Dombaumeister in die Geschichte eingegangen, obwohl er eigentlich kein Architekt war. Der gelernte Goldschmied interessierte sich für Mechanik und Optik und übertrug sein Verständnis für Wirkzusammenhänge im Kleinen auf das Große. Es ist überliefert, dass er die Bauarbeiten persönlich überwachte und immer bestrebt war, den Mitarbeitern seine Anforderungen im Detail zu erklären und auch die Zusammenhänge verständlich zu machen. In Ermangelung von Flipcharts baute er dazu kleine Modelle aus Wachs, schnitzte kurzerhand kleine Beispiele in eine Karotte oder malte große Skizzen in den Sand.

Obwohl es einige historische Quellen gibt, können wir über diesen Mann wenig mit Gewissheit sagen, denn wie bei vielen berühmten Figuren der Geschichte vermischen sich in seinem Ruhm viele Legenden und einige Wahrheiten. Brunelleschi scheint als Führungspersönlichkeit zwar stur und eigenwillig gewesen zu sein. Für seinen Projekterfolg waren aber durchaus moderne Führungsqualitäten und -modelle verantwortlich: Coaching seiner Fachkräfte, leistungsorientierte Belohnung, Sorge für Arbeitssicherheit, Delegation, Anerkennung und laufende Visualisierung seiner Ideen.

Im März 1436 eröffnete der Papst im Rahmen großer Feierlichkeiten den Dom. Zu diesem Zeitpunkt fehlte nur noch ein Detail am Bauwerk: der kleine Spitzbau (die sog. Laterne), der die Kuppel krönt. Die Arbeiten an diesem Bauabschnitt begannen zehn Jahre nach der Eröffnung wieder nach einem Modell Brunelleschis und dauerten noch einmal 25 Jahre. Die Fertigstellung der Laterne erlebte der Baumeister nicht mehr. Er starb 1446.

1.2 Viel mehr als nur ein Bauprojekt

Die Ziele dieses ehrgeizigen Projekts waren es, einen Dom mit 30.000 Besuchern Fassungsvermögen zu errichten, um die Reputation und Attraktivität der Stadt zu steigern und den Tourismus mit Einzugsgebiet aus Europa anzuregen. Man könnte es daher auch als gigantisches Marketingprojekt sehen, sicherlich das größte seiner Zeit. Die Nachhaltigkeit und Langlebigkeit dieses Projekterfolgs sind ohne Zweifel.

Der Anteil an Kreativleistung und Mut waren bei diesem Projekt enorm, ebenso wie die Organisationsleistung und die ausdauernde Disziplin.

Der Fall Brunelleschi führt es uns vor Augen: **Kreativität und Fleiß, Kunst und Management lassen sich nicht trennen.** Das lässt sich auf alle erfolgreichen Meister ihres Fachs übertragen. Auch Michelangelo war nicht nur einfach begabt, sondern hatte auch die Ausdauer, um mehrere Jahre lang in höchst unbequemer Körperhaltung auf einem wackligen Gerüst zu kauern, bis die Decke der Sixtinischen Kapelle endlich ausgemalt war. Inspiration braucht Umsetzungskompetenz, um Realität zu werden. Diese Umsetzungskompetenz ist wie ein Filter: Ist er zu klein, bleibt alles in den Anfängen stecken. Von einer großen Idee bleibt dann nicht mehr als ein gescheiterter Versuch.

Als Brunelleschi, Michelangelo, Da Vinci und Co. am Werk waren, hat man diese Umsetzungskompetenz noch nicht Projektmanagement genannt. Erst viele hunderte Jahre später brachte die Industrialisierung nicht nur die Fließbandarbeit, sondern auch den Manager als Beruf mit sich. Inzwischen ist Projektmanagement eine eigene Disziplin des Managements geworden, in der sich sogar schon eigene Schulen herausgebildet haben. Agile und Traditionalisten sind zwei davon, die noch nicht wissen, ob sie sich ergänzen oder miteinander konkurrieren. Dazu später noch mehr.

Heute ist sie vorbei die Zeit der großen Baumeister, als ein Künstler noch Architekt, Statiker, Bauleiter, Innenarchitekt und Polier in einem sein konnte. Stattdessen tummeln sich unzählige Gewerke auf Großbaustellen; Heerscharen von Spezialisten und Sub-Spezialisten müssen engagiert werden. Kein einzelnes Mastermind kann mehr jeden davon beaufsichtigen und in der jeweiligen Fachspezialisierung bis ins letzte Detail vordringen. Es mangelt heutzutage nicht an Fachwissen und technischen Möglichkeiten wie noch zu Brunelleschis Zeiten. Die größte Herausforderung unserer Zeit ist es, alles und jeden miteinander zu koordinieren. Und genau in diesem Punkt können wir wieder von den alten Baumeistern lernen. Es scheint, dass in den letzten 100 Jahren Managementgeschichte vieles verloren ging, was einst aus gesundem Menschenverstand und bewährter Praxis gewachsen ist. Die Geschichte wiederholt sich. Und genauso wie Brunelleschi die Technik des Kuppelbaus wiederentdeckte, entdeckt sich auch das Management laufend wieder neu – viel zu häufig leider ohne den Blick auf die Vergangenheit. Nicht ohne Grund könnte man böswillig annehmen, denn so lassen sich Innovationen besser feiern. Heute würde man z. B. sagen, dass der Dom von Florenz inkrementell gebaut wurde, weil die Bauabschnitte immer in einem in sich selbst funktionierenden Ergebnis resultierten und gerade so komplex waren, wie es noch durchdacht und gehandhabt werden konnte. Der gesamte Dom wurde so in Iterationen aus Grundstruktur, Kuppel und Laterne von verschiedenen Teams nacheinander hergestellt. Die acht Kuppelbauteams waren teils selbstorganisierend und arbeiteten parallel in gleichen Tageseinheiten. Heute würde man sie wegen dieses iterativ-inkrementellen Vorgehens wahrscheinlich »agil« nennen.

Skizze des Doms von Florenz mit seiner gewaltigen Kuppel

Das Projekt hatte auch Lernschleifen, denn neue Erkenntnisse über Baumethoden konnten in jeder neuen Iteration implementiert werden. Man würde auch sagen, dass Brunelleschi das Prinzip der Einfachheit gelebt und regelmäßige Stand-up-Meetings abgehalten hat, wenn er »Face to Face« – ohne Beamer, PowerPoint oder Excel – mit seinem Team sprach und seine Konzepte mit einem Stöckchen im Sand erklärte. Eindeutig hat er Design Thinking eingesetzt, als er Modelle aus Wachs geformt oder in Karotten geschnitzt hat. Schon vor über 500 Jahren wurden Projektmanagementmethoden offensichtlich sehr erfolgreich eingesetzt – Methoden, auf die wir uns heute wieder besinnen.

> **Die großen »Bauprojekte« des Marketings**
>
> Die großen »Bauprojekte« des Marketings finden heute im digitalen Raum statt. Dort sind die Dimensionen andere: 30.000 Besucher sind noch keine schwindelerregende Zahl für Homepages, aber eine Bauzeit von 16 Jahren ist undenkbar – 16 Wochen, vielleicht noch ein paar Monate mehr, sind Usus. Schnelle Projektzyklen, viel IT, digitale Abhängigkeiten und immer stärkere Individualisierung sowie Messbarkeit des Impacts sind Kennzeichen moderner Marketingprojekte. Das stellt neue Herausforderungen an ihre Planung und Steuerung.

1.3 Von der Vergangenheit in die Gegenwart

Ohne Praxisbezug ist Projektmanagement reine Theorie. In diesem Buch werden Sie daher zwei Beispiele aus dem Projektmanagementalltag begleiten. Sie stehen für typische Konstellationen, die Sie bei kreativen Projekten immer wieder antreffen. Anhand dieser Beispiele können Sie sehen, wie sich die dargestellten Methoden und Tools des Projektmanagements konkret in kreativen Projekten umsetzen lassen.

> **In der Marketingabteilung der Janssen & Janssen AG**
>
> Bislang lief das Geschäft immer gut. Doch spürt die Janssen & Janssen AG mittlerweile, wie sich das Kundenverhalten allmählich ändert. Früher blieben die Kunden dem Unternehmen über Jahre treu und orderten aus dem gesamten Sortiment in wenigen, aber großen Bestellungen. Heute sind sie wählerischer geworden und bestellen im Internet spontan und immer kleinere Mengen. Dabei suchen sie jedes Mal nach dem günstigsten Anbieter.
> Die Marketingabteilung soll nun als Gegenmaßnahme zu dieser Entwicklung ein sog. Loyalty Programm entwickeln, das Kunden an das Unternehmen bindet und dazu motiviert, wieder mehr Produkte aus dem Sortiment zu kaufen. Die Bestandskunden zu binden, erscheint nach intensiven Kalkulationen deutlich günstiger, als Neukunden zu gewinnen. Und es gibt auch schon eine Idee, wie man das be-

werkstelligen kann: Zukünftig sollen dem Kunden für jeden Einkauf Treuepunkte gutgeschrieben werden, die er ab einer gewissen Summe bei einem seiner nächsten Einkäufe einlösen kann.

Doch das ist erst der Anfang. Durch das Punktesystem soll das Kaufverhalten der Kunden besser analysiert werden, so dass man sie mit individuell zugeschnittenen Mailings und Angeboten ansprechen kann. Um das technisch zu unterstützen und die Kunden auch in ihrem Nutzungsverhalten an das Unternehmen zu binden, soll eine App entwickelt werden, mit der die Einkäufe und Bestellungen komfortabel erledigt werden können, über die aber auch Sonderangebote und sogar ortsgebundene Werbung möglich sind. Wer in der App shoppt, vergleicht nicht online die Preise, so die Überlegung.

Die Ideen scheinen gut zu sein. Allerdings weiß die Leiterin der Marketingabteilung auch, dass sie das alles nicht alleine mit ihrem Team stemmen kann.

Piet Pieterson, der kreative Freelancer

Piet kennt sich aus mit utopischen Ideen von Marketingabteilungen. Lange genug hat er selber eine geleitet. Mehr als einmal stand er kurz vor dem Rauswurf, mehr als einmal hat er allerdings auch geniale Marketingkonzepte entwickelt und umgesetzt, die ihm einen Status der Unantastbarkeit gesichert haben. Schließlich hat er, weil ihm das ganze Hin und Her in der Unternehmenspolitik zu viel wurde, die Reißleine gezogen und sich selbstständig gemacht. »Endlich mal mit Profis arbeiten und richtig kreativ werden«, dachte er sich, als er sein Einzelbüro in einer Bürogemeinschaft bezog. Seitdem berät und unterstützt er Unternehmen bei der Entwicklung und Realisierung von komplexen Marketingkonzepten. Seine Erfahrung und die Erfolge der Vergangenheit machen ihn zu einem gefragten Experten. Durch sein Netzwerk und seine Bürogemeinschaft hat er direkten Zugriff auf Designer, Texter, App-Entwickler, SEO-Spezialisten und sonstige Kreative für jeden erdenklichen Bereich.

2 Was macht Projekte aus?

»Mach es zu deinem Projekt!«, ist ein Slogan, mit dem ein Baumarkt vor einigen Jahren Werbung gemacht hat. Und tatsächlich steckt jeder von uns ständig in Projekten, egal ob beruflich oder privat. Projektmanagement scheint in unserer Zeit eine bürgerliche Alltagskompetenz zu sein, so sehr sogar, dass eine »Projektifizierung der Gesellschaft« beklagt wird. Dieser Begriff, der nach Krankheit klingt, beschreibt, dass inzwischen alles und jedes noch so kleine Vorhaben als Projekt bezeichnet wird.

Umso wichtiger ist es, eine Antwort zu finden auf die Frage »Was ist ein Projekt?«, um Trennschärfe herzustellen gegenüber all den ungerichteten Aktionen, Aufgaben und Ausflüchten, die als Projekte bezeichnet werden. Für Projektmanager und Unternehmen ist es wichtig festzustellen, welches Vorhaben diejenigen Charakteristika erfüllt, die es sinnvoll und hilfreich machen, Strukturen und Methoden des Projektmanagements anzuwenden. Denn Projektifizierung bindet Mitarbeiter, Geld und Aufmerksamkeit in Kleinvorhaben, während der Begriff Projekt verbrannt wird und der Blick für wirklich wichtige Vorhaben getrübt wird.

Es existieren viele Definitionen dessen, was ein Projekt ist. Verschiedene Fachverbände haben dazu ihre Definitionstexte veröffentlicht, und es gibt sogar DIN- und ISO-Normen dazu. Im Grunde laufen aber alle auf dieselben Punkte hinaus:

> **Was ist ein Projekt?**
> Ein Projekt ist ein einmaliges und neuartiges Vorhaben,
> das eine Zielvorgabe (Leistung) hat und
> in Zeit und Ressourcen begrenzt ist.
> Oder in den Worten der DIN 69901-05:
> Ein Projekt ist ein »Vorhaben, das im Wesentlichen durch die Einmaligkeit der Bedingungen in ihrer Gesamtheit gekennzeichnet ist. Beispiel: Zielvorgabe, zeitliche, finanzielle, personelle und andere Begrenzungen, projektspezifische Organisation.«

Leistung, Zeit und Kosten sind auch die Eckpunkte des berühmten Dreiecks des Projektmanagements und die Restriktionen, innerhalb derer jedes Projekt manövrieren muss.

Natürlich kann jede Organisation selber festlegen, was für sie ein Projekt ist. Davon wird in der Praxis auch häufig Gebrauch gemacht. Wenn dann ein Vorhaben in dem Unternehmen die Eigenschaften eines Projektes aufweist und eine festgelegte Größe erreicht, dann werden Anforderungen an die Art des Projektmanagements, der Dokumentation und Reporting-Pflichten daran geknüpft.

> **Beispiel**
>
> In der Janssen & Janssen AG sind Projekte mit einem Budget über 50.000 Euro »meldepflichtig«. Das heißt, der Geschäftsführer will die Planung für Projekte dieses Umfangs sehen und verstehen, bevor er eine Freigabe erteilt. Er vereinbart mit dem Projektleiter, wie das Projekt geplant und gesteuert wird und wie häufig er einen Projektreport erhält.
>
> In größeren Unternehmen kann diese Budgetschwelle höher liegen. Dort gibt es meist auch spezialisierte Abteilungen, die sich ausschließlich um die unternehmensweiten Methoden des Projektmanagements kümmern und das Projektportfolio des Unternehmens überwachen. Zudem legen solche Abteilungen auch fest, welche Qualifikationen ein Projektleiter haben muss, abhängig von der Art und Größe der Projekte, die er verantworten soll.

2.1 Einmalige und neuartige Vorhaben

Projekte sind **begrenzte** und meist auch **einmalige und neuartige Vorhaben**, die dazu dienen, ein bestimmtes Ergebnis herzustellen oder ein Ziel zu erreichen. Das unterscheidet sie von anderen Organisationsformen. Prozesse beispielsweise werden überall dort gestaltet, wo Tätigkeiten wiederkehrend sind, wo also mehrfach ähnliche Aufgaben verrichtet werden müssen. Dabei ist es möglich, bei jedem Durchlauf zu lernen und den Prozess Schritt für Schritt weiter zu optimieren. Projekte dagegen behandeln Aufgaben, die zu einem gewissen Grad neuartig und einzigartig sind. Sie erfordern Lösungen und Herangehensweisen, die meist erst noch individuell entwickelt werden müssen.

Die Gründe, warum Projekte gestartet werden, können vielfältig sein. Sie sind allerdings immer auf ein **bestimmtes Ziel** ausgerichtet.

> **Beispiele für Ziele**
>
> **Herstellung, Installation oder Realisierung**
> - Ein technisches System, eine Lösung oder ein Gebäude herstellen, z.B. Erstellung einer Homepage, Durchführung einer Veranstaltung, Realisierung einer Kampagne
>
> **Innovation und Geschäftssteigerung**
> - Mehr- oder Neugeschäft generieren, z.B. Marketingmaßnahmen zur Umsatzsteigerung
> - Produkt(neu)entwicklung, z.B. Produktinnovationen, Neugestaltung eines Produktes oder Prozesses

Optimierung
- Kostensenkungsmaßnamen
- Workflow-Optimierung, z.B. Optimierung eines Shop-Systems hinsichtlich des Kundenerlebnisses, Automatisierung eines Prozesses, Überarbeitung von Kundenkontaktpunkten zur Serviceverbesserung

Reduzierung
- Aufwandsreduzierung, Personaleinsparung

Unternehmen sind in vielen Punkten sehr ähnlich zu Projekten. Allerdings werden Unternehmen aufgebaut, betrieben und geführt, um dauerhaft zu existieren und immer weiter zu wachsen.

Im Unterschied dazu werden Projekte nur für einen bestimmten Zweck errichtet und es ist von Beginn an klar, dass das Projekt beendet ist, wenn es sein Ziel erreicht hat. Projekte werden deshalb auch als **temporäre Organisationsform** bezeichnet. Ein Projekt lebt nur solange, wie es benötigt, um seine Ziele zu erreichen. Das Unternehmen oder die dauerhafte Organisation, die ein Projekt beheimatet, wird Stammorganisation genannt.

Ein Projekt kann aus mehreren Perspektiven betrachtet werden, um seine Dimensionen voll zu erfassen. So sind Projekte
- **soziale Prozesse** zwischen den beteiligten Menschen und Kulturen,
- **politische Prozesse**, in denen es um Macht, Einfluss und Interessen gehen kann,
- **Interventionen**, die auf bestehende Gefüge und Situationen treffen,
- **Wertschöpfungsprozesse**, die aus mehreren Komponenten etwas Höherwertiges entstehen lassen,
- **Entwicklungsprozesse**, in denen Neues kreiert wird,
- **temporäre Organisationen**, aber auch
- **Veränderungsprozesse**.

Aus all diesen Perspektiven kann ein Projekt gleichzeitig gesehen und verstanden werden, wobei ein Betrachtungswinkel je nach Situation mehr oder weniger relevant sein kann. Diese Perspektivenvielfalt ist ein Grund dafür, dass es kein One-fits-all-Projektmanagementvorgehen geben kann. Wenn z.B. die sozio-kulturelle Dimension überwiegt, wie z.B. bei einem sensiblen Organisationsveränderungsprojekt, müssen die Methoden viel stärker auf die Emotionen, Bedürfnisse und die Kommunikation der Projektbeteiligten ausgerichtet sein, als wenn Forschung, technische Entwicklung und Wertschöpfung im Vordergrund stehen.

2.2 Zeit, Kosten und Leistung

Der temporären Organisation »Projekt« sind enge Grenzen gesetzt: Sie wird auf Ziele ausgerichtet und muss, um diese zu erreichen, einen klar definierten Leistungsumfang realisieren. Das muss innerhalb eines Zeitrahmens und eines definierten Budgets geschehen. Projekte werden also bestimmt und begrenzt durch die Faktoren Zeit, Kosten und Leistung.

1. **Faktor Zeit:** Die Zeit ist meistens begrenzt durch eine Frist, z. B. ist ein Abgabe- oder Fertigstellungszeitpunkt vorgegeben. In den seltensten Fällen wird einem Projekt all die Zeit eingeräumt, die es nach dem Ermessen des Projektteams benötigt. Die Regel ist, dass der Auftraggeber eine ganz klare Vorstellung davon hat, wann er die Ergebnisse vorliegen haben möchte, auch wenn dieser Termin auf den ersten Blick nicht realisierbar erscheint.
2. **Faktor Kosten:** Projekte müssen mit einem Budget haushalten; die Finanzmittel sind beschränkt. Während der Finanzbedarf des Projektes üblicherweise vor Projektbeginn aus frühen Schätzungen abgeleitet und hochgerechnet wird, schlägt die bittere Realität schon am ersten Tag der Projektlaufzeit zu: Schätzungen erweisen sich als zu optimistisch und Budgetüberschreitungen bahnen sich im Kleinen wie im Großen an.
3. **Faktor Leistung:** Leistung ist der dritte Eckpunkt eines Projektes und der wichtigste. Denn sie ist der Grund, warum ein Projekt überhaupt gestartet wird. Hier wird definiert, was während des Projekts entstehen soll. Häufig werden dazu umfangreiche Leistungsverzeichnisse erstellt oder auch sog. Pflichtenhefte. Beide Instrumente versprechen keinen großen kreativen Spielraum, so dass sich in den letzten Jahren agilere Ansätze zur Entwicklung des Ergebnisses im Projektverlauf etabliert haben.

Hin und wieder wird auch **Qualität** als vierter Eckpunkt genannt. Allerdings sollte diese bereits ein Merkmal der Leistung sein. Die Leistung eines Projektes muss ja nicht nur innerhalb der festgelegten Zeit und innerhalb des Budgets erbracht werden, sondern auch die geforderte Qualität aufweisen, damit ein Projekt als erfolgreich gilt und der Auftraggeber zufrieden ist. Stimmt die Qualität der Leistung nicht, wird er schnell Nachbesserung verlangen.

> **! Wichtig: Der Unterschied zwischen Finanzmitteln und Ressourcen**
>
> Die **Finanzmittel** eines Projektes werden benötigt, um Rechnungen von Dienstleistern oder Lieferanten zu bezahlen und um die Löhne und Honorare des Projektteams zu begleichen. Bei Leistungen innerhalb eines Unternehmens fließt dabei kein Geld über Bankkonten, sondern es findet eine interne Leistungsverrechnung zwischen Kostenstellen statt. Das passiert zwar nur in der Buchhaltung, funktioniert aber ähnlich wie ein Bankkonto.

2 Zeit, Kosten und Leistung

Die **Ressourcen** eines Projektes lassen sich zwar oft in Geld ausdrücken, diese Sichtweise greift aber zu kurz. Gerade Projekte mit einem hohen Kreativanteil oder solche, die viel Know-how und Erfahrung benötigen, leben von den Experten und Teammitgliedern, die sie umsetzen. Darüber hinaus sind Ressourcen auch Lizenzen und technische Möglichkeiten. Das meiste lässt sich mit Geld kaufen, aber eben nicht alles. Ein gutes Projektteam ist beispielsweise eine Ressource, die unbezahlbar ist.

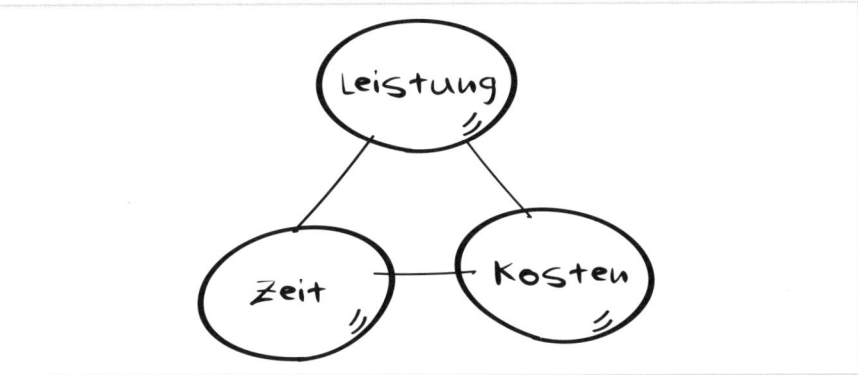

Das Magische bzw. eiserne Dreieck des Projektmanagements formen die Faktoren Zeit, Kosten und Leistung

Die drei Faktoren Zeit, Kosten und Leistung werden als »**Magisches Dreieck**« im Projektmanagement bezeichnet. Im Englischen wird es etwas weniger esoterisch »Iron Triangle« oder »Triple Constraints« genannt. Und tatsächlich formen diese Aspekte ein ständiges Dilemma, in dem Projektmanager jonglieren müssen. Die drei Faktoren sind nämlich voneinander abhängig. Sobald ein Faktor verändert wird, hat das Einfluss auf die anderen beiden Merkmale:
- Wird mehr Leistung gefordert, müssen entweder mehr Mittel zur Verfügung stehen, oder die Zeitdauer muss verlängert werden, meistens beides.
- Wird die Zeit reduziert, müssen entweder Abstriche beim Ergebnis gemacht, oder mehr Ressourcen zugeschossen werden.
- Werden die Kosten eingeschrumpft, muss oft an der Leistung gespart werden.

Beispiel
Am Beispiel eines Messestandes der Janssen & Janssen AG wird es deutlich: Der Stand wurde in Größe und Ausstattung geplant, die Kosten dafür wurden kalkuliert und der Messetermin steht sowieso fest. Soll nun die Fläche vergrößert werden oder wird eine aufwendigere Ausstattung gefordert, braucht es mehr Budget und Personal, um die Änderungen bis zum Messebeginn überhaupt noch möglich zu machen. Kommt es zu Verzögerungen und rückt der Messetermin immer näher, lassen sich vielleicht nicht mehr alle Kundenwünsche realisieren oder es müssen

> kurzfristig noch Helfer angeheuert oder Überstunden bezahlt werden. Haben unerwartete Kosten das Projektbudget belastet, muss ein Teil der Ausstattung gestrichen werden.

Alle Projekte bewegen sich innerhalb dieses eisernen Dreiecks aus Zeit, Kosten und Leistung. Es ist eine Illusion, dass Veränderungen an einem der Faktoren ohne Auswirkungen auf die anderen bleiben.

2.3 Leistungsumfang vs. Liefergegenstand

Betrachtet man den Faktor Leistung näher, splittet er sich in zwei Facetten. Es kann unterschieden werden zwischen den Liefergegenständen als Projektergebnis im engeren Sinn und dem Leistungsumfang als Summe aller Tätigkeiten des Projekts im weiteren Sinne.

- **Liefergegenstände** sind die Ergebnisse, die am Ende des Projektes dem Auftraggeber übergeben werden. Das wären also z.B. eine druckfähige Datei, die installierte und funktionsfähige Homepage, das Konzeptdokument als PDF-Datei, eine Skulptur, zwei neue Gebäude oder die vier Akte eines Theaterstücks. Liefergegenstände sind also das, was – mit etwas Vorstellungskraft – in einem Karton verpackt dem Auftraggeber abgeliefert wird.
- Der **Leistungsumfang** eines Projektes kann demgegenüber viel mehr sein. Er umfasst alle Tätigkeiten und jeden Aufwand, der geleistet werden muss, um das Projektergebnis zu realisieren. Werden also Forschungs- und Entwicklungsaufwand notwendig, verworfene Prototypen im kreativen Prozess, Schulungen, Besprechungen und Abstimmungsrunden, aber auch der Aufwand für das Projektmanagement, dann sind diese Tätigkeiten Teil des Leistungsumfanges eines Projekts, auch wenn sie sich nicht direkt sichtbar im Liefergegenstand widerspiegeln.

Der Leistungsumfang wird auch als **Scope** bezeichnet. Für die Abgrenzung, was zum Leistungsumfang eines Projekts gehört und was nicht, wird deshalb häufig die Formulierung »in Scope« bzw. »**out of Scope**« verwendet. Out of Scope bedeutet, dass eine Tätigkeit nicht mehr in den vereinbarten Leistungsumfang des Projektes gehört. Für den Projektmanager ist es wichtig, diese Unterscheidung immer präsent zu haben, denn er hat häufig mit Kundenanforderungen und Wünschen zu tun, bei denen er einerseits genau prüfen muss, ob dafür Budget vorhanden ist, andererseits aber auch, ob er sich noch innerhalb seines Mandats bewegt.

Die Projektarten 2

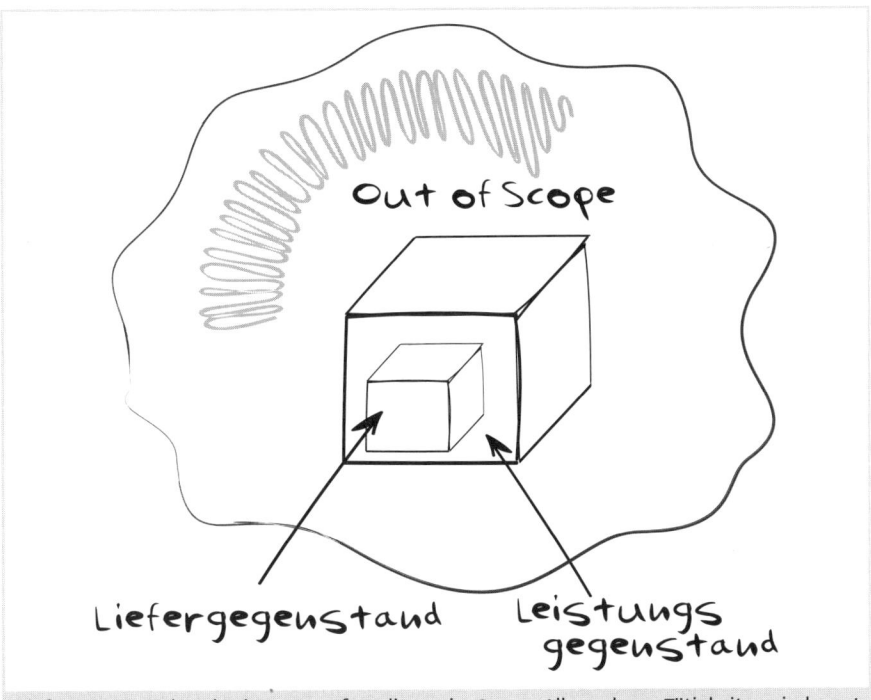

Liefergegenstand und Leistungsumfang liegen im Scope. Alle anderen Tätigkeiten sind »out of Scope« eines Projektes.

2.4 Die Projektarten

Das fachliche Gebiet, das Umfeld, die Herausforderungen, die Budgetdimensionen, die Teamgröße, die Erfahrung von Team und Projektleiter und unzählige Faktoren mehr geben jedem Projekt ein eigenes Profil. Zudem kann im Gesamtbild grob zwischen verschiedenen **Projektarten** unterschieden werden.

- **Investitionsprojekte**: Hier ist der Zweck des Projektes die Erstellung eines einigermaßen klar definierbaren Ergebnisses. Der Bau eines Hauses, einer Maschine, aber auch die Erstellung des jährlichen Produktkataloges, die Ausrichtung der Hausmesse oder die Einrichtung eines neuen Showrooms unterliegen wenig Unschärfe in der Planung. Das Ergebnis ist bekannt und kann schon von Beginn des Projektes an in großer Detailtiefe durchdacht werden. Bei Investitionsprojekten kann es eine ernste Herausforderung werden, den Umfang und die Vernetzung der verschiedenen Pläne zu handhaben. Allein die Aktualisierung und Verteilung der Planunterlagen ist bei großen Bauprojekten eine Aufgabe für Spezialisten.

- **Forschungs- und Entwicklungsprojekte** (F&E-Projekte) kennzeichnet, dass ihr Auftrag zu einem großen Teil darin besteht, eine Lösung zu finden. Anders als bei Investitionsprojekten ist nicht von Anfang an klar, wie diese aussehen wird. Da das Ergebnis von F&E-Projekten anfangs weitgehend im Dunkeln liegt, kann hier nicht gleich zu Beginn eine Gesamtplanung aus dem gewünschten Ergebniszustand abgeleitet werden. Bei F&E-Projekten muss großes Augenmerk darauf gerichtet werden, wie der Lösungsweg beschritten wird. Das läuft auf ein professionelles Trial-and-Error-Verfahren hinaus, bei dem sich Schritt für Schritt an einen Weg angenähert wird, der am Ende zielführend ist. So läuft z. B. die Entwicklung einer Kampagne, eines neuen Produktes oder die Ursachenforschung bei zu hohen Reklamationszahlen ab.
- Bei **Organisationsprojekten** steht ein sozialer Veränderungsprozess im Vordergrund. Arbeitsabläufe werden umgestaltet, Abteilungen werden neu strukturiert oder ein Unternehmen soll seine Kultur ändern und damit z. B. endlich serviceorientiert werden – in solchen und vergleichbaren Fällen lässt sich das Ziel des Projektes eigentlich sehr gut beschreiben. Der »Werkgegenstand« des Projektes ist allerdings ein sehr lebendiger und variabler, nämlich das Verhalten, Denken und Empfinden von Menschen. All das ist nicht planbar, nicht technisch gestaltbar und reagiert zum Teil unvorhersehbar auf die Interventionen. Auf neue Strömungen und Stimmungen muss schnell reagiert werden, denn sie können sehr plötzlich auftauchen. In solchen Projekten sind intensives Stakeholdermanagement und Flexibilität auf dem Weg zur Zielerreichung wichtig.

Diese drei Arten von Projekten beschreiben sehr generische Kategorien und lassen erahnen, wie vielfältig die Schwerpunkte des Projektmanagements sein können und müssen. Auf eine vierte Kategorie für IT-Projekte wurde hier bewusst verzichtet. Solche Projekte können in jede der drei Arten fallen, sogar in alle gleichzeitig.

> **Beispiel**
>
> Die Installation eines neuen Netzwerksystems kann ein planbares Investitionsprojekt sein, das sich jedoch sehr schnell zum F&E-Projekt entwickelt, wenn sich technische Hürden zeigen, an die niemand gedacht hat. Spätestens, wenn die Anwender das neue System aber ablehnen, fällt auf, wie groß auch der Anteil eines Organisationsprojektes daran war. Auch der Relaunch einer Homepage beinhaltet lange im Voraus planbare Komponenten, viel Tüftelarbeit, betrifft aber auch Anwender und ihr unvorhersehbares Verhalten. Und es gibt hierbei auch eine wichtige Komponente der Neuartigkeit und Kreativität, die den Charakter von F&E-Projekten

> mit sich bringt. Dasselbe gilt für Marketingprojekte. Auch dort werden kreativ Ideen entwickelt, und es wird erforscht, wie sie voraussichtlich beim Auftraggeber und den Zielgruppen ankommen. Ihre Diskussion und Wahrnehmung im Unternehmen macht sie ebenfalls zu einem Organisationsprojekt.

Nicht nur in ihrer Art unterscheiden sich Projekte, auch die **Projektgröße, bezogen auf Budget und Mitarbeiter,** unterscheidet sie. Läuft ein Projekt über drei Monate mit vier Mitarbeitern und 50.000 Euro Budget oder arbeiten drei Jahre lang 40 Mitarbeiter mit 50 Millionen Euro Budget? Abhängig von Größe und Komplexität eines Projekts entscheidet sich, welche Methoden und Führungsstrukturen zur Anwendung kommen und welches Personal eingesetzt wird.

Die Kategorisierung von Projekten kann noch weitergetrieben werden, wenn man etwa noch unterscheidet zwischen unternehmensinternen Projekten und externen Projekten im Kundenauftrag, zwischen lokalen, nationalen und internationalen Projekten oder zwischen neuartigen Projekten und Routineprojekten.

Aus unterschiedlichen Projektarten und -größen ergeben sich individuelle Anforderungen an das Projektmanagement

Die Vielfalt der Projektherausforderungen zeigt sich bereits dann, wenn man Projektarten und -größen in einer Matrix zusammenstellt. Für die Größenschwellen in der Grafik oben müssen für jedes Unternehmen oder Umfeld sinnvolle Maße eingetragen werden. Der Nutzen einer solchen Matrix ist, dass daran festgemacht werden kann, welche Form und Intensität von Projektmanagement erforderlich ist. Ein kleines F&E-Projekt ist vielleicht gut in den Händen der Fachexperten aufgehoben, die sowieso an der Lösung arbeiten. Sie kommen mit etwas Coaching und regelmäßigem Berichtswesen ganz gut alleine zurecht. Schon ab der mittleren Stufe sollten aber Projektmanager am Werk sein, die ihre Führungs- und Koordinationsaufgaben gelernt haben. Mit zunehmender Projektgröße müssen auch entsprechend mehr Mittel für das reine Projektmanagement eingeplant werden, da das nicht mehr nebenbei erledigt werden kann.

2.5 Das Projektmanagement

Der Auftraggeber startet ein Projekt, um ein Ziel zu erreichen. Meistens geht es darum, etwas herzustellen oder etwas Neues zu erschaffen (Innovation), etwas Bestehendes zu optimieren oder zu reduzieren. Er beauftragt einen Projektleiter und Mitarbeiter mit der Planung und Umsetzung. Für die Dauer des Projektes wird dadurch eine eigene Organisation geschaffen, mit eigenen Rollen und Aufgaben, die sich vom Alltagsgeschäft unterscheiden. Projektmanagement bezeichnet die **Methoden, Prozesse und Fähigkeiten**, ein solches Vorhaben zum Erfolg zu führen.

Projekte haben viele wiederkehrende Elemente, sie können daher von den Denkweisen der Prozessoptimierung profitieren. Die Planungsmethoden und auch die Projektgegenstände bleiben von Mal zu Mal ähnlich und ein Projektleiter entwickelt über die Zeit eine Routine in seinen Herangehensweisen. Dabei kommt ihm zugute, dass die Projekte sich ähneln. Egal, ob es Häuser, Homepages oder Veranstaltungen sind, die meisten Projektleiter haben ein Metier, in dem sie allmählich immer größere Expertise und Erfahrung aufbauen. Sie sind gut beraten, wenn sie dabei bewusst lernen und ihr **Projektmanagement kontinuierlich verbessern**.

Im Kern ist Projektmanagement eine besondere Disziplin der **Führung, die in einem komplexen Umfeld stattfindet**: Es bleibt wenig Raum, um Teams langfristig zu formen und zu entwickeln. Viele verschiedene Persönlichkeiten und Kompetenzen müssen rasch zu einem funktionsfähigen Team formiert und auf ein Ziel ausgerichtet werden. Wichtiger als eine ausgefeilte Planungsmethodik ist es daher im ersten Schritt, Kommunikation und Zusammenarbeit zu etablieren, die unterschiedlichen Projektbeteiligten auf ein gemeinsames Verständnis von Zielen einzuschwören und all das über die Laufzeit des Projektes aufrechtzuerhalten. Die zahlreichen Methoden, Techniken und Softwarelösungen für das Projektmanagement sollen diese Aufgabe unterstützen, können aber den Projektleiter als menschliche Führungskraft nicht ersetzen.

> **Wichtig zu wissen**
> - Projekte sind einmalige und in Zeit, Kosten und Leistung begrenzte Vorhaben.
> - Projektmanagement hat das Ziel, ein Projekt innerhalb dieser Vorgaben zum Erfolg zu führen.
> - Dabei geht es vor allem um die Gestaltung von Kommunikation und Zusammenarbeit zwischen den beteiligten Experten und Interessengruppen.
> - Projektmanagement ist eine komplexe Führungsaufgabe. Sie erfordert Methodenwissen, Verständnis für den Projektgegenstand und Prozesse. Aber vor allem verlangt sie eine hohe persönliche Kompetenz des Projektleiters.

2.6 Der Projekterfolg

Ob ein Projekt letztlich erfolgreich ist, zeigt sich mit Gewissheit erst, nachdem es abgeschlossen wurde. Sind dabei die Vorgaben zu Zeit, Kosten und Leistung eingehalten worden, kann zumindest von einem **Projektmanagementerfolg** im engen Sinne ausgegangen werden. Alle Parameter wurden eingehalten, es wurde geleistet wie geschuldet. Der Job des Projektleiters ist damit erledigt.

Ob das Projekt auch darüber hinaus erfolgreich ist, zeigt sich erst später. Etwa, wenn der Auftraggeber seine Wünsche und Ziele mit dem Liefergegenstand des Projektes auch erfüllen kann. In diesem Fall wäre ein **Projekterfolg** erreicht. Zumindest dieser Zustand ist anzustreben, auch wenn die Verwirklichung dieses Erfolges nicht mehr in den Händen des Projektleiters liegen mag.

Und schließlich kann der Erfolg eines Projektes auch an der **Zufriedenheit der Stakeholder** festgemacht werden. Diese Betrachtung geht sehr weit und schließt ein, ob Auftraggeber, Nutzer, Betroffene, das Projektteam und gegebenenfalls völlig außenstehende Dritte das Projekt als positiv wahrgenommen haben, sowohl in seinem Ergebnis als auch in der Durchführung. Dieser Aspekt kann im Trouble des Projektverlaufs und im Jubel des Projektabschlusses leicht unbeachtet bleiben. Doch wenn der nächste Projektauftrag ansteht, wird der Eindruck, den das letzte Projekt hinterlassen hat, zum Kredit an Vertrauen und Freiraum.

In der traditionellen Sichtweise auf Projekte ist der Projekterfolg streng verknüpft mit einer Leistung, die initial beschrieben wurde, dann streng deduktiv in Einzelschritten abgeleitet, realisiert und schließlich geliefert wurde. Diese Sichtweise beschränkt sich im Grunde auf den Projektmanagementerfolg und überlässt das Risiko des weiteren Erfolgs voll dem Auftraggeber. Denn dieser hat ja schließlich im Projektauftrag klar beschrieben, was zu liefern war.

> **Ein Negativbeispiel**
>
> Die neue App für die Kunden der Janssen & Janssen AG soll von einer externen Agentur entwickelt werden. Bevor das Projekt startet, werden ein ausgefeiltes Konzept und ein detailliertes Leistungsverzeichnis erstellt und mit der Agentur wird ein Festpreis vereinbart. Die Einkaufsabteilung bestand auf diesem Vorgehen, weil man »damit immer gut gefahren sei«. Der zuständige Einkäufer ist nach der Verhandlung zum Preis sehr stolz auf sein Verhandlungsgeschick, das er wieder einmal eindrücklich vor »den Weicheiern« aus dem Kreativbereich unter Beweis stellen konnte. Kurz vor Abschluss hat er nochmal die Daumenschrauben angedreht und 15% Nachlass erzwungen. »So geht man mit Dienstleistern um!«, lobt er sich hinterher beim Mittagstisch vor Kollegen.
>
> Pünktlich liefert die Agentur die App. Schnell stellt man fest, dass sie nicht für die Anzeige auf Tablets optimiert ist, sondern nur für die wesentlich kleineren Displays von Smartphones. Mit den neuen Funktionen der aktuellen iOS-Version, die zwischenzeitlich veröffentlicht wurde, ist sie ebenfalls nicht kompatibel.
>
> Die Agentur besteht auf volle Bezahlung und lehnt jede Nachbesserung ab. Tatsächlich hat sie exakt das geliefert, was vertraglich vereinbart und im Leistungsverzeichnis definiert war. Aus Sicht der Agentur ist das Projekt damit erfolgreich abgeschlossen.
>
> Aus Sicht der Stakeholder nicht. Marketingabteilung und Geschäftsführer sind wütend. Die Kunden übergießen das Unternehmen mit Spott im App-Store und auf allen Social-Media-Kanälen. Die App wird nicht genutzt. Der erhoffte Projekterfolg wird damit nicht einmal in Ansätzen erreicht. Nur der Einkäufer kann sich Häme nicht verkneifen: »Ich hab doch gleich gewusst, dass die Kreativen nichts auf die Reihe bekommen!«

Projekte in einem kreativen und dynamischen Umfeld können sich eine solche starre Haltung nicht leisten. Weder von Seiten des Auftraggebers, noch von Seiten des Dienstleisters darf eine Situation geschaffen werden, in der nur »Dienst nach Vorschrift« getan wird. Die Umgebung, die Ansprüche und Möglichkeiten solcher Projekte entwickeln sich laufend weiter, ebenso die Konkurrenz. Hier muss Projekterfolg bedeuten, dass der Auftraggeber einen echten Nutzen hat und dass die Stakeholder zufrieden sind mit dem Ergebnis.

Das heißt einerseits, dass die Methoden des Projektmanagements darauf ausgelegt sein müssen, den kontinuierlichen Wandel des Projektumfelds und der Erfolgsmaßstäbe abzubilden und zuzulassen. Andererseits wird daraus deutlich, wie wichtig es ist zu verstehen, was die Wünsche und Wahrnehmungen von ganz verschiedenen Parteien sind, damit ein Projekt am Ende als erfolgreich gelten kann.

2.7 Der Auftrag und die Ziele

An wenigen Stellen sonst ist die Gefahr so groß, ein Projekt gründlich und unwiederbringlich in den Sand zu setzen, wie bei der Klärung des Auftrags und der Ziele. In den Sand setzen ist hier das passende Bild, denn wenn die Fundamente nicht richtig gestellt werden, dann können sich Wochen von Arbeit in Staub auflösen, wie das folgende Beispiel zeigt.

> **Beispiel**
> Bei der Weihnachtsfeier plaudert ein Produktmanager mit dem Geschäftsführer. Zwei Drinks später vertraut der Chef seinem Mitarbeiter an, dass ihm die altbackene Aufmachung der Klassik-Linie in der Produktpalette schon lange ein Dorn im Auge ist. Da müsse mal frischer Wind rein. »Sie sind doch genau der Richtige für diese Aufgabe!« – Augenzwinkern, joviales Schulterklopfen, Ende des Gesprächs. Der hochmotivierte Manager macht sich ans Werk. Nach drei Wochen hat er seine Hausaufgaben gemacht und kann es kaum erwarten, dem Chef seine Ideen für den Relaunch vorzustellen. Er hat bereits ein Organigramm für sein neues Team entworfen und schon vertrauliche Gespräche mit anderen Kollegen geführt. Der Roll-out kann starten, sobald er das Go erhält. Als er seine Ideen präsentiert, fällt der Geschäftsführer aus allen Wolken, zürnt und tobt: »Wer hat dem impertinenten Wicht überhaupt den Auftrag gegeben, die Klassik-Linie anzugehen! Mit der hab ich doch ganz andere Pläne!«

Hatte der Produktmanager überhaupt schon einen Auftrag zur Planung und Vorbereitung eines Projektes?

Vor allem dann, wenn Ideen zu Aufträgen im informellen Rahmen entstehen, lohnt sich eine Rückbestätigung am nächsten Tag.

Die Auftragsklärung ist ein Prozess, während dessen die Grundlagen des Projektes geklärt werden:
- Wer sind die Auftraggeber und die Kunden des Projekts?
- Was sind die Ziele der Parteien und die des Projekts?
- In welchem zeitlichen, wirtschaftlichen und rechtlichen Rahmen wird das Projekt stattfinden?
- Anhand welcher Kriterien kann festgestellt werden, dass das Projekt erfolgreich abgeschlossen wurde?

Es ist mit der Auftragsklärung wie beim Fußball: ohne Tor kein Treffer.

In der traditionellen Herangehensweise im Projektmanagement werden diese Fragen alle geklärt, bevor das Projekt beginnt. Die Auftragsklärung ist demnach also eine Phase, die noch vor Beginn der eigentlichen Projektarbeit durchlaufen und abgeschlossen wird. Dem entgegen steht die Realität von kreativen Entwicklungsprojekten, in denen sich die Ansprüche und Ziele von Auftraggebern im Projektverlauf weiterentwickeln und auch die Möglichkeiten und Erkenntnisse des Auftragnehmers mit jedem Tag wachsen. Nicht selten stellen Auftragnehmer im Lauf der Zeit fest, dass sie das Projekt, so wie ursprünglich angedacht, zum aktuellen Stand der Dinge nicht mehr anbieten würden.

Ein anderer Ansatz ist es daher, die Auftragsklärung nicht als in Stein gemeißelte Vorphase anzusehen, sondern als Gegenstand kontinuierlicher Weiterentwicklung und Abstimmung zwischen Auftraggeber und Auftragnehmer. Umso wichtiger ist es, Klarheit zu haben, was die Funktion und Bedeutung der einzelnen Elemente der Auftragsklärung sind. Grob unterschieden werden kann hier zwischen

- der Definition von Projektzielen und Erfolgskriterien,
- der wirtschaftlich-rechtlichen Gestaltung der Beauftragung,
- der sozialen Dimension zwischen den Parteien.

Diese Elemente einer Auftragsklärung betreffen alle Arten von Projekten, unabhängig davon, ob sie als externes Projekt zwischen zwei Unternehmen stattfinden oder ob sie inhouse durchgeführt werden.

2.8 Die Rollen im Projekt

In jedem Projekt gibt es typische **formelle Rollen**, z.B. jemanden, der das Projekt beauftragt und finanziert, jemanden, der es durchführt, und jemanden, der schließlich die Ergebnisse nutzt. Häufig sind mehrere dieser Rollen in einer Person vereint.

2.8.1 Formelle Rollen

Formelle Rollen im Projekt	
Auftraggeber	Auftraggeber (AG) ist derjenige, der ein Projekt beauftragt. Dazu wählt er einen Auftragnehmer aus, gestaltet mit ihm die Ziele des Projektes, definiert die Ergebnisse, sofern möglich, und verhandelt die vertraglichen Modalitäten. Im Verlauf des Projektes ist er der Ansprechpartner des Projektleiters, wenn es um Änderungen der Leistung oder Überschreitungen des Kosten- oder Zeitrahmens geht. Umgekehrt ist der Projektleiter der Ansprechpartner des Auftraggebers, wenn es um den Fortschritt im Projekt geht; regelmäßige Berichte dazu sind üblich. Am Ende des Projektes muss der Auftraggeber die Ergebnisse abnehmen.

Die Rollen im Projekt 2

Formelle Rollen im Projekt	
Kunde	Der Kunde ist derjenige, der die Ergebnisse des Projektes schließlich nutzen soll. In vielen Fällen ist er gleichzeitig der Auftraggeber; das muss aber nicht so sein. Wenn die Ergebnisse des Projektes von Dritten genutzt werden sollen, wird es wichtig, diese Interessengruppe schon frühzeitig einzubeziehen. Am besten wird sie schon während der Auftragsklärung beteiligt. Damit verhindert man Fehlentwicklungen: Ein neues Produkt kann noch so schön sein – es wird am Markt nicht bestehen, wenn es am Bedarf des Anwenders vorbei entwickelt wurde.
Projektleiter	Der Projektleiter (PL) führt das Projekt und verantwortet das Ergebnis. Er ist im Rahmen eines Projektauftrages quasi der Auftragnehmer. Wenn er als Freiberufler agiert, ist er es auch im juristischen Sinn. Er erhält ein Mandat für seine Tätigkeit, das Ressourcen und Entscheidungsspielräume beinhaltet. Der Projektauftrag macht ihn zum Unternehmer auf Zeit, denn damit hat er für eine beschränkte Zeitspanne die Mittel und Freiheiten, um das Projekt zu realisieren. Er muss dazu das nötige Maß an Gestaltungsspielraum und Entscheidungsfreiheit erhalten haben. Um seiner Verantwortung gerecht zu werden, braucht er die passende persönliche Kompetenz sowie Motivation.
Teilprojektleiter	Teilprojektleiter (TPL) werden, wie ihr Name es schon sagt, für einen Teil des Gesamtprojekts eingesetzt. Bei großen Projekten kann es sinnvoll sein, mehrere Teilprojekte darunter zu definieren. Die Teilprojektleiter berichten dem Gesamtprojektleiter und sind meist an Projektsteuerungs- und Überwachungsmethoden gebunden. Eine Teilprojektleitung ist eine gute Vorbereitung auf eine spätere Projektleiterrolle.
Lenkungsausschuss	Ein Lenkungsausschuss (LA) kann vom Auftraggeber eingesetzt werden, um Überwachungsfunktionen wahrzunehmen, aber auch, um Probleme und Hindernisse zu beseitigen. Dafür wird dieses Gremium besetzt mit Vertretern aller betroffenen Bereiche und ggf. wichtigen Stakeholdern. Diese Vertreter sollten Entscheidungsbefugnis für ihren Bereich haben. Ist ein LA eingesetzt, berichtet der Projektleiter an ihn regelmäßig über den Projektfortschritt. Ebenso meldet er Handlungs- oder Entscheidungsbedarf, wenn Fragen oder Probleme auftauchen, die er im Projekt selber nicht mehr lösen kann.

Formelle Rollen im Projekt

Projektoffice	Das Projektoffice (PO) hat Supportfunktion für den Projektleiter oder auch das gesamte Projektteam. Hier können administrative Themen zentral gebündelt oder Aufgaben erledigt werden, um das Team und den Projektleiter zu entlasten. Im Projektoffice können z. B. Daten zu Statusberichten gesammelt und Reisebuchungen vorgenommen werden. Auch die Nachverfolgung von To-dos aus Meeting-Protokollen kann von hier aus gesteuert werden. Ein Projektoffice kann aber auch viel mehr als die klassischen Assistenztätigkeiten erledigen. Es kann als Knotenpunkt des Projektmanagements und für die Kommunikation und die Logistik im Projekt eingesetzt werden. Dort kann etwa eigenverantwortlich die laufende Aktualisierung von Zeit- und Kostenplänen vorgenommen werden. Oder es können Risiko- und Stakeholdermanagement-Analysen oder Kommunikationspläne erstellt werden. Richtig eingesetzt, wird ein PO zur Steuerzentrale des Projektes. Es kann Projektleiter und Team dadurch massiv unterstützen.
Qualitäts-manager	Ein Qualitätsmanager (QM) kann in einem Projekt eingesetzt werden, um schon während der Entwicklung sicherzustellen, dass das Produkt hohen Qualitätsstandards genügt. Er kann seinen Fokus aber auch auf das Projekt selbst richten und kontinuierlich prüfend und verbessernd auf das Vorgehen und die Prozesse des Projektmanagements einwirken – und damit eine Aufgabe übernehmen, die eigentlich dem Projektleiter zufällt. Dieser läuft allerdings schnell Gefahr, sich völlig auf das Projektergebnis zu konzentrieren. Der Qualitätsmanager kann dem PL ein hilfreicher Sparringspartner werden, der nicht nur im Blick hat, »was« das Projekt anstrebt, sondern auch, »wie« es darauf hinarbeitet.
Teammitglieder	Die Teammitglieder machen die Projektarbeit und realisieren so letztendlich das Projektergebnis. Alle anderen Rollen – vom Auftraggeber bis zum Projektoffice und den Teilprojektleitern – sind letztlich nur vorbereitend und koordinierend tätig. Sie müssen den Rahmen und die Voraussetzungen schaffen, damit die Projektmitarbeiter ihre Fähigkeiten zugunsten des Projektes einsetzen können. Alle Projektrollen sollten diesem Zweck dienen – manchmal ist es hilfreich, sich daran zu erinnern.

Daneben gibt es auch informelle oder persönliche Rollen, die jedes Teammitglied in sozialen Situationen einnimmt. Dazu später mehr im Kapitel 6.3.

> **Wichtig**
> Die Rolle als Projektleiter will gelernt werden. Ab einer gewissen Schwelle an Mitarbeitern und Budget ist das ein Job für Profis. Da hilft es, Erfahrungen in einem kontrollierten Umfeld zu sammeln. Teilprojektleiter können alle Methoden des Projektmanagements ausprobieren und anwenden. Ebenso kann in dieser Rolle auch erlebt werden, was es bedeutet, Verantwortung für ein Team zu haben. Dank des größeren Rahmens des Gesamtprojekts sind genügend Beispiele und Vorbilder vorhanden, um schrittweise in die Projektleiterrolle hineinzuwachsen.

2.8.2 Die Rollenklärung

Für jede Rolle, insbesondere für den Auftraggeber und den Kunden, sollte jeweils ein **konkreter Ansprechpartner** vereinbart werden. Der Grund: Allen Projektbeteiligten muss klar sein, wessen Aussage für den Projektleiter bindend und verlässlich ist und wessen Aussage erst noch vom jeweils Verantwortlichen bestätigt werden muss.

> **Beispiel**
> In einem Projekt, in das mehrere Abteilungen eines Unternehmens eingebunden sind, kann der Änderungswunsch von Herrn Müller aus Abteilung 4 ein wichtiger Hinweis und dringend umzusetzen sein. Im Projekt bearbeitet wird die Änderung aber erst, wenn der im Auftrag bestimmte Ansprechpartner das bestätigt.

Die konkrete Benennung der Rollen ist ein Standard, der in jedem Projekt eingehalten werden sollte, um Streit über Zuständigkeiten, Kompetenzen und letztlich auch die Verantwortung für die Ergebnisse zu vermeiden. Es lohnt sich, über die bloße formelle Benennung hinaus, auch eine **persönliche Rollenklärung** vorzunehmen. Im Rahmen eines Workshops oder eines formlosen Treffens besprechen die Projektbeteiligten dann, wie sie ihre Rolle verstehen, wie sie sie ausüben wollen und was sie von den anderen erwarten. Eine solche zwischenmenschliche Klärung zu Beginn des Projektes ist durch nichts zu ersetzen. Sie kann dabei helfen, enorme Konflikte und Missverständnisse im Projektverlauf zu verhindern. Zudem bietet solch ein Termin die Chance, ein Level der persönlichen Beziehung aufzubauen, das später über schwierige Momente im Projekt hinweghilft.

3 Der Projektauftrag

Wenn die Welt eines Kreativen aussieht wie ein Sandkasten voller bunten Förmchen direkt neben einem belebten Straßencafé, dann ist die Welt des Juristen wie die Sortierhalle der Post am anderen Ende der Straße: eine Wand voller viereckiger Schubladen in einem schmucklosen Raum, in dem Stille herrscht, damit sich alle konzentrieren können. Hin und wieder durchbricht der schallende Schlag eines Stempels die Ruhe. Für viele Kreative ist eine solche Welt nicht vorstellbar. Und trotzdem ist man als Projektleiter ab und an gezwungen, in sie einzutauchen. Ein Projekt muss in vielen Realitäten funktionieren; so auch in der juristischen Dimension. Einige grundlegende Begriffe und Denkweisen aus dem Juristischen, speziell aus dem Vertragsrecht, muss daher jeder Projektleiter beherrschen. Und er sollte erkennen können, wann der Rat eines Rechtsexperten vonnöten ist. Besonders glücklich kann sich derjenige schätzen, der dann auch noch einen guten Juristen kennt.

3.1 Die Basis: Wer will was von wem woraus?

Ein Mantra des Vertragsrechts, das jeder Jurastudent bereits im ersten Semester verinnerlicht, ist die Frage »**Wer will was von wem woraus?**«.

Wer?	Wer hat die Forderung bzw. den Anspruch? Bei Projekten sind das meist die Vertragsparteien, also z. B. Kunde und Verkäufer oder Auftragnehmer und Auftraggeber.
Was?	Um welche Leistung oder Gegenleistung geht es? Je nach Vereinbarung können das zwei Gin Tonic sein, ein Marketingkonzept, eine App, 4.000 Plakate oder eben das Geld dafür.
Von wem?	Gegen wen besteht die Forderung bzw. der Anspruch? Das ist derjenige, der etwas machen, liefern oder zahlen soll.
Woraus?	Für Juristen ist das die wichtigste Frage: »Warum eigentlich muss er das tun?« Sie ist im Projekt meist ziemlich einfach zu beantworten: »Weil sie einen Vertrag geschlossen haben«.

3.2 Der Vertragsschluss

Ein Vertrag kommt zustande, wenn zwischen zwei Parteien **sich deckende Willenserklärungen** vorliegen. Eine solche Partei kann sowohl ein einzelner Mensch sein, eine sog. natürliche Person, als auch ein juristisches Gebilde, eine Rechtsform wie z.B. eine GmbH oder Aktiengesellschaft, die dann im Rechtsjargon eine sog. juristische Person wäre. Egal, wie die Partei nun bezeichnet wird: Wichtig ist es, in Verträgen klar zu formulieren, wer Vertragspartner ist. Soll Karl Müller als Einzelperson oder seine Firma, die Karl Müller GmbH, Partei werden? Der Unterschied ist nicht nur, wer am Ende Geld erhält oder bezahlt, sondern auch, wer greifbar ist, wenn etwas schiefläuft: die Firma oder der Unternehmer persönlich.

Die »sich deckenden Willenserklärungen« liegen vor, wenn eine Partei eine Leistung zu einem bestimmten Preis anbietet und die andere das Angebot annimmt. Das hört sich einfach an, ist aber in der Realität oft schrecklich kompliziert.

> **!** **Wichtig**
>
> Was vielen nicht klar ist: Ein Vertrag kann in fast allen Fällen auch mündlich geschlossen werden. Vereinbaren Sie also z.B. telefonisch mit einem Auftraggeber, ein Projekt für ihn zu stemmen, und einigen Sie sich mit ihm mündlich über den Preis, die Leistung und den Termin, dann gilt das als Vertragsschluss, an den Sie gebunden sind. Formerfordernisse gibt es nur für ganz wenige Vertragstypen, so z.B. für Bank- und Versicherungsgeschäfte, Grundstücks- und Immobilienverkäufe oder Ehe- und Erbverträge. Diese müssen sogar von einem Notar beurkundet werden.

3.3 Die Vertragsarten

Die Rechte und Pflichten für Auftragnehmer und Auftraggeber sind abhängig davon, über welche Leistung ein Vertrag geschlossen wird. Im Gesetz sind dazu einige typische Vertragsarten definiert. Sie zu kennen und ihre Baumuster zu verstehen, ist in Verhandlungen und bei der Vertragsgestaltung von großem Vorteil.

- Ein **Kaufvertrag** wird geschlossen, um Eigentum an einer Sache zu übertragen. Wenn diese Fehler hat oder nicht funktioniert, kann sie der Käufer meist umtauschen oder sein Geld zurückverlangen. In Projekten ist diese Art von Verträgen selten, es sei denn, der Projektleiter kauft für die Ausführung des Projektes Waren oder Material ein.
- Eher handelt es sich bei dem Projektauftrag um einen **Werkvertrag**, bei dem der Auftragnehmer ein bestimmtes »Werk« für den Auftraggeber individuell herstellt, das dieser dann abnehmen und bezahlen muss. Einen Umtausch gibt es hier nicht und der Auftraggeber muss auch abnehmen, was er bestellt hat. Allerdings nur, wenn das Werk auch so ist, wie er es bestellt hat. Wenn es Mängel hat, muss der Auftragnehmer nachbessern. Die Gelegenheit dazu muss ihm allerdings auch eingeräumt werden. Ist keine Besserung in Sicht, kann der Auftraggeber auch vom Vertrag zurücktreten.

- Am häufigsten in Projekten, die kreative, abstrakte und nicht-materielle Ergebnisse zum Gegenstand haben, wird der **Dienstvertrag** sein. Dabei schuldet der Auftragnehmer nichts weiter als seine Dienstleistung. Insbesondere ist er – anders als beim Werkvertrag – nicht verantwortlich für **den Erfolg seiner Tätigkeit**. Er muss nur seine Fähigkeiten für den Auftraggeber einsetzen und wird dafür, abhängig von der jeweiligen Vereinbarung, nach aufgewendeter Zeit oder mittels einer Pauschale bezahlt.

> **Beispiele**
>
> Eine Agentur, die Online-Marketing-Maßnahmen für ein Unternehmen anbietet, geht einen Dienstvertrag ein. Sie schuldet ihrem Vertragspartner dann z. B., im Internet Banner und Search Terms zu schalten. Ob der Auftraggeber dadurch mehr Produkte verkauft, bleibt sein Risiko.
> Eine Druckerei, die im Kundenauftrag Printprodukte in einem bestimmten Format herstellt, schließt einen Werkvertrag. Schneidet die Druckerei die Produkte falsch zu, ist das Werk mangelhaft. Sie muss im schlimmsten Fall dann komplett neu produzieren, denn sie schuldet das Werk, wie vereinbart, im richtigen Format. Wenn allerdings schon in der Druckvorlage ein Fehler war, muss der Auftraggeber alle Exemplare abnehmen und bezahlen.

3.4 Die Vertragsgestaltung

Im deutschen Recht gilt der **Grundsatz der Vertragsfreiheit**. Die Parteien können grundsätzlich also auch Dinge vereinbaren, die von den Rechten und Pflichten der im Gesetz geregelten Vertragsarten abweichen.

> **Beispiele**
>
> Die Online-Marketing-Agentur aus dem Beispiel oben kann sich auf die Vereinbarung einlassen, dass ihr Honorar nur dann fällig wird, wenn der Produktumsatz des Auftraggebers um 20% steigt.
> Und die Druckerei kann vertraglich eventuelle Mängel der Klebebindung ausschließen, weil der Auftrag sehr kurzfristig kam und deswegen über Nacht produziert werden musste.

Warum dann überhaupt zwischen Vertragstypen unterscheiden, wenn sowieso alles anders vereinbart werden kann? Die Frage ist leicht zu beantworten:
- Zum einen werden viele Verträge des täglichen Lebens geschlossen, ohne dass wir groß darüber nachdenken oder die Modalitäten dazu verhandeln wollen. Wenn der neue Toaster defekt ist, bringen wir ihn selbstverständlich zurück zum Händler, denn der Kaufvertrag gibt uns das Recht auf ein einwandfreies Produkt.

- Zum anderen sind diese Vertragsarten quasi Schubladen, in denen fertige Konstruktionen liegen. Wer sie kennt, kann daraus schnell einen passenden Vertrag erstellen. Und schließlich hängen an diesen Konstruktionen bestimmte Rechtsfolgen. Kommt es zum Streit, gehen Juristen ans Werk, die als Erstes überlegen, in welche Schublade des Gesetzes der vorliegende Fall passen könnte. Und da ist es wieder: das Postamt am Ende der Straße!

3.5 Rahmenverträge

Häufig werden im Umfeld von Projekten sog. Rahmenverträge geschlossen. Ein solcher Vertrag ist nicht etwa eine eigene Vertragsart neben den Kauf-, Werk- und Dienstverträgen. Es handelt sich vielmehr um ein Vertragskonstrukt, das vieles einfacher macht, wenn zwei Parteien regelmäßig miteinander arbeiten möchten und öfter Projekte gemeinsam durchführen. In einem Rahmenvertrag werden grundsätzliche Vereinbarungen festgehalten, die für alle zukünftigen Projekte gelten sollen, so z.B. Stundensätze, Zahlungsvereinbarungen oder Lieferzeiten. Wenn so ein Rahmenvertrag einmal – in der Regel durch die Geschäftsleitungen – geschlossen ist, kann das die Arbeit in Projekten erleichtern. Es müssen dann z.B. nicht jedes Mal neue Preisverhandlungen geführt werden.

3.6 Vollmachten

Die meisten Projektleiter schließen Verträge für andere und nicht für sich selbst. Im Rahmen ihres Projektes wird ihnen ein Verfügungs- und Entscheidungsspielraum eingeräumt. So können sie Material einkaufen, Leistungen beauftragen und auch gegenüber Kunden oder externen Auftraggebern verbindliche Zusagen treffen. Alle diese Rechtsgeschäfte wirken aber streng genommen immer für einen anderen. Denn wenn der Projektleiter nicht gleichzeitig Geschäftsführer seiner eigenen Firma ist, dann binden sie das Unternehmen, in dem er beschäftigt ist.

Der Verfügungs- und Entscheidungsspielraum muss also klar geregelt werden und sollte auch festgeschrieben sein. Das sichert dem Projektleiter Handlungsfreiheit und bewahrt ihn vor hässlichen und unnötigen Vorwürfen, seine Kompetenzen überschritten zu haben.

3.7 Abrechnungsvereinbarungen

Jede Leistung ist abhängig von einer Gegenleistung. In geschäftlichen Verträgen ist das meistens Geld. Für die Abrechnung gibt es unterschiedliche vertragliche Konstruktionen.

3.7.1 Festpreis

Leistungen können als Festpreis abgerechnet werden. Für das Projekt wird dabei ein fixer Betrag vereinbart, der fällig wird, wenn das Ergebnis wie vertraglich vorgesehen vorliegt. Der Vorteil ist offensichtlich – beide Parteien wissen von Anfang an, welche Kosten bzw. Einnahmen auf sie zukommen. Das Risiko ist aber ebenfalls nicht unerheblich: Hat sich der Auftragnehmer verkalkuliert, muss er im schlimmsten Fall weit mehr leisten, als er bezahlt bekommt. Aber auch der Auftraggeber kann bluten, wenn er erst im Projektverlauf merkt, dass er Leistungen benötigt, die nicht im Festpreis inkludiert sind (siehe das Negativbeispiel aus dem Kapitel 2.6). Nicht selten müssen diese Zusatzleistungen dann teuer dazu gebucht werden.

3.7.2 Nach Zeit und Aufwand

Die klassische Abrechnungsart für Dienstverträge ist die Abrechnung »nach Zeit und Aufwand«. Der Auftragnehmer stellt seinem Auftraggeber also die Stunden in Rechnung, die er für ihn aufgebracht hat und zusätzlich auch die sonstigen Ausgaben, die er hatte, also z.B. Reisekosten, Material und Dienstleistungen, die er selber einkaufen musste.

3.7.3 Prämien und erfolgsabhängige Vergütung

Wird eine erfolgsabhängige Vergütung vereinbart, übernimmt der Auftragnehmer einen Teil oder das gesamte Risiko des Auftraggebers. Ist eine solche Regelung vereinbart und stellt sich der gewünschte Erfolg seiner Leistung nicht ein, steigen also z.B. die Umsatzzahlen eines Produktes durch die Arbeit der Marketingagentur nicht, so hat der Auftragnehmer zwar Arbeit investiert, bekommt aber keine Gegenleistung dafür. Für den Auftraggeber ist das angenehm: Er verlagert sein unternehmerisches Risiko auf seinen Vertragspartner. Zwar verkauft sich sein Produkt immer noch nicht besser, immerhin hat er aber nicht zusätzlich unnütze Kosten für die Agentur zahlen müssen. Aus

Sicht des Auftragnehmers sollte man eine solche Regelung nur wohlüberlegt unterschreiben. Sie bietet sich an, wenn man sich seiner Sache sehr sicher ist.

Eine bessere Lösung kann es sein, nicht das gesamte Honorar erfolgsabhängig zu stellen, sondern Prämien für besonders schnelle, gute oder erfolgreiche Leistungen zu vereinbaren.

3.7.4 Vorschüsse und Ratenzahlung

Weil Projekte sich über einen längeren Zeitraum erstrecken können und dem Auftragnehmer bzw. Dienstleister dabei laufend Kosten entstehen, können auch Vorschüsse bzw. Ratenzahlungen vereinbart werden. So kann festgelegt werden, dass zu Beginn des Projektes ein Teil der Zahlung fällig ist oder/und jeweils nach Abschluss bestimmter Meilensteine und schließlich eine Restzahlung am Ende des Projektes. Mit einer solchen Vereinbarung deckt der Dienstleister nicht nur seine eigenen Ausgaben während der Laufzeit, er beschränkt dadurch auch das Risiko von Zahlungsausfällen, wenn sein Auftraggeber etwa pleitegeht.

Gleichzeitig verliert der Auftraggeber mit jeder Teilzahlung ein Stück seines Druckmittels auf seinen Dienstleister. Die Zahlungen sollten daher in beiderseitigem Interesse an klar definierte Meilensteine und Leistungsgegenstände gekoppelt werden.

> **!** **Beispiel**
> Piet erhält den Auftrag für das Loyalty Projekt der Janssen & Janssen AG. Seine Stundensätze werden in einem Rahmenvertrag festgelegt. Daneben gibt es die folgende erfolgsabhängige Klausel in seinem Auftrag: Wächst der Umsatz der in der App beworbenen Produkte innerhalb eines Jahres um 20%, so gibt es zusätzlich eine Erfolgsprämie vom Auftraggeber.

3.8 Die notwendigen Inhalte eines Vertrages

Es gibt jede Menge Aspekte und Eventualitäten, die ein Vertrag regeln kann. Die wichtigsten **Inhalte eines Vertrages, die nie fehlen dürfen,** sind allerdings schnell zusammengefasst:
- die Vertragsparteien: Auftraggeber, Auftragnehmer,
- genaue Leistungsbeschreibung,
- Termine,

- Vergütung,
- Ort, Datum, Unterschrift.

Die besten Verträge sind kurz und unmissverständlich. Lassen Sie sich nicht vom »Juristenkauderwelsch« beeindrucken. Es ist keine Zierde, sondern eine Pest. Ein Vertrag soll eindeutig und gut verständlich festhalten, worüber sich zwei oder mehrere Menschen einig sind. Dazu muss er präzise genug formuliert sein. Im Streit muss ein Dritter – wenn alles schiefläuft, ein Richter – anhand der vertraglichen Regelungen nachvollziehen können, worüber sich beide Parteien mal einig waren. Es geht also darum, dass Menschen sich verstehen und das auch dokumentieren. Leider scheint im Jurastudium vermittelt zu werden, dass eine komplizierte Ausdrucksweise besser ist als gepflegtes Hochdeutsch. Gutes Schreiben bringt den Studenten jedenfalls niemand bei. Schlimmer nur als Juristen mit schlechten Schreibmanieren sind Laien, die versuchen, so zu schreiben, wie sie meinen, dass Juristen es tun, um einen Vertrag auch richtig amtlich wirken zu lassen. Für echte Juristen klingt das dann so wie die Morgenvisite der Fernsehärzte in den Ohren echter Mediziner.

4 Die Ziele eines Projektes

Ziele sind für ein Projekt unentbehrlich: Nur wer ein Ziel vor Augen hat, weiß, wohin er laufen muss. Die gesamte temporäre Organisationsform »Projekt« ist darauf ausgerichtet, Ziele zu erreichen. Diese müssen allerdings nicht immer »hart« sein und sie können in ganz unterschiedlichen Dimensionen formuliert werden. Wie auch immer Ziele definiert worden sind, in jedem Fall dient in einem Projekt jeder Aufwand und jede investierte Minute Zeit dazu, diesen Zielen ein Stück näher zu kommen. In einem kreativen Umfeld ist es dabei völlig normal, dass ein Team viele Wege ausprobiert, die sich als Sackgassen erweisen, und sich über Versuch und Irrtum an eine Lösung herantastet. Hier ist es die Aufgabe des Projektmanagements, einen Rahmen zu schaffen, in dem dieser Prozess der Lösungsfindung stattfinden kann. Es geht darum, alle Aktionen so zu koordinieren, dass sie am Ende auf die Projektziele einzahlen.

> **Das Briefing**
>
> In vielen Branchen wird unter einem Briefing eine kurze und sehr fokussierte Besprechung vor einem wichtigen Ereignis verstanden. So führen beispielsweise Piloten Briefings vor wichtigen Phasen eines Fluges durch und folgen dabei standardisierten Routinen. Militärische und zivile Einsatzkräfte treffen sich zum Briefing, um in die Lage und ihre Mission eingewiesen zu werden. Führungskräfte und Politiker lassen sich vor wichtigen Terminen zu den Gesprächspartnern und Hintergründen briefen.
> Im Umfeld von Marketing und Werbung hat das Briefing eine besondere Bedeutung. Auch hier geht es um eine Einweisung und Hintergrundinformationen. Der Schwerpunkt liegt allerdings nicht auf der Kürze und Intensität des Briefings als Besprechungsformat, sondern eher auf der Ausführlichkeit und Vollständigkeit der dokumentierten Informationen. Es kann dadurch als ein Instrument der Auftragsklärung in kreativen Projekten genutzt werden. Insbesondere Freelancer können im Rahmen eines Briefings wichtige Informationen abfragen, beispielsweise:
>
> - Hintergrundinformationen zum Unternehmen des Auftraggebers und zum geschäftlichen Umfeld,
> - Präzisierungen der Aufgabe und Vorstellungen des Auftraggebers zur Umsetzung,
> - Ziele, die der Auftraggeber verfolgt,
> - Zielgruppe und Stakeholder der Maßnahme oder des Produkts,
> - Restriktionen und Ziele hinsichtlich Zeit, Budget oder anderen Rahmenbedingungen.
>
> Auch hier finden sich die Eckpunkte des eisernen Dreiecks wieder: Leistungsgegenstand, Zeit und Kosten.

Je unklarer das Ergebnis eines Projektes noch ist, desto schwieriger erscheint es meist, konkrete Ziele zu formulieren. Tatsächlich stehen die meisten Projektleiter zu Beginn vor dieser großen Herausforderung. In solchen Situationen hilft es weiter, zuerst abstrakte Ziele zu formulieren und sie dann später auf konkrete Unterziele bis hin zu Liefergegenständen herunterzubrechen.

> **Beispiel**
>
> Bevor Piet den Auftrag der Janssen & Janssen AG annimmt, führt er mehrere lange Gespräche mit der Marketingleiterin und dem Geschäftsführer. Er will genau verstehen, was ihre Vorstellungen von dem Projekt und die Erwartungen an ihn sind. Die Informationen, die er dabei erhält, fasst er schriftlich in einem Dossier zusammen. Dieses »Briefing«-Dokument wird später auch hilfreich sein, die Projektziele zu definieren.

4.1 Zieldimensionen

Die Ziele eines Projektes können sich zunächst an seinen Eckdaten orientieren: Zeit, Kosten und Leistung sind naturgemäß wichtige Zielparameter für das Projektmanagement. Darüber hinaus gibt es Dimensionen, in denen Ziele für das Ergebnis oder die Durchführung formuliert werden können.

- Unter **wirtschaftlichen Gesichtspunkten** kann das Projekt zum Ziel haben, die investierten Kosten innerhalb einer kurzen Zeitdauer wieder einzuspielen. Dann ist vom Return on Invest (ROI) die Rede.
- Auf einer **strategischen Ebene** könnte ein Auftraggeber explizit das Ziel formulieren, dass eine Kampagne provokant ist, aber dabei die Reputation seines Unternehmens nicht beschädigt.
- Aus **technologischer Sicht** will man vielleicht neue Standards setzen oder man hat den Wunsch, dass eine Weiterentwicklung innerhalb bestehender Konventionen stattfindet. Dazu kann es z.B. Zielvorgaben geben, in welcher Form ein Shopsystem entwickelt werden muss, damit es zu den Systemen des Auftraggebers passt, welches Wording verwendet werden muss oder welche Bildsprache zum Unternehmen passt.
- Insbesondere während der Durchführung kann es Ziele geben, die sich auf die **soziale Dimension** beziehen, so z.B., dass im Rahmen eines Projektes die Mitarbeiter des Auftraggebers auf ein neues Produkt vorbereitet werden oder dass dem Unternehmen trotz einer Neuentwicklung keine Kunden verloren gehen.

4.2 Formulierung von Zielen

Ein passendes Set von Zielen für ein Projekt zu finden, ist keine leichte Aufgabe. Sie sollen einerseits die Interessen des Auftraggebers und aller anderen Beteiligten abbilden, ohne dass sie zueinander in Widerspruch stehen. Andererseits sollen sie verschiedene Dimensionen abbilden: Allein ein Zeitziel zu setzen, ohne sich gründlich Gedanken über den angestrebten Nutzen eines Projekts gemacht zu haben, wäre unklug. Schließlich müssen Ziele sehr konkret formuliert werden, damit sie einerseits unmissverständlich sind und andererseits erreichbar sind.

Als Gedankenstütze zur eindeutigen Formulierung von Zielen wird oft das SMART-Akronym verwendet. Die Bedeutung der einzelnen Buchstaben können Sie aus der folgenden Tabelle ersehen.

	Steht für:	Bedeutet:
S	Spezifisch	Das Ziel muss klar und unzweideutig formuliert sein.
M	Messbar	Die Zielgröße muss messbar und beobachtbar sein. Soll das Ziel z.B. »Mehr Kundenzufriedenheit« sein, muss auch definiert und vereinbart werden, mit welcher Methode diese ermittelt wird und wann das stattfindet, damit das Ergebnis einer Messung zugänglich wird.
A	Assignable oder Akzeptiert	Hier kommt die deutsche Übersetzung des ursprünglich aus dem Englischen stammenden Akronyms an seine Grenzen. Im englischen Sprachgebrauch wird das A gerne mit »assignable« gleichgesetzt; die Verantwortung für die Erreichung des Ziels muss also jemandem klar zurechenbar sein. In der deutschen Übersetzung von SMART liest man stattdessen oft »akzeptiert«, was diesen Punkt stark umdeutet. Aber klar, Ziele müssen auch akzeptabel sein, wenn nicht: siehe »realistisch«.
R	Realistisch	Das Ziel und die Zielgröße müssen realistisch erreichbar sein. Ein bekanntes Phänomen aus dem Sport gilt auch für Projekte: Stellt sich ein Ziel als utopisch heraus und ist es von Anfang an offensichtlich nicht realisierbar, ist die Gefahr groß, dass niemand ernsthaft versuchen wird es zu erreichen.
T	Terminiert	Was auch immer beauftragt wird oder erreicht werden soll, es muss immer einen Termin dafür geben. Gerade unbeliebte Themen werden sonst nie angegangen.

Das SMART-Akronym kann eine gute Gedankenstütze sein, um klare Aufträge und Ziele zu formulieren. Man muss sich aber nicht sklavisch daran halten. Für jeden der Buchstaben kursieren gleich mehrere Übersetzungen und Deutungen.

Im Kern bleibt die Botschaft: Formuliere klar, was du erwartest, und definiere die Abnahmekriterien. Diese orientieren sich übrigens auch entsprechend SMART wieder an Zeit, Kosten und Leistung. Zeit und Leistung sind klar, aber woher kommen die Kosten? Hinter »akzeptiert« bzw. »realistisch« stehen die Ressourcen: Wer eine Tätigkeit übernehmen soll, muss die Zeit und die Fähigkeit haben, sie umzusetzen.

4.3 Weiterentwicklung von Zielen

Die Ziele eines Projektes können sich während des Projektverlaufs weiterentwickeln. Das ist Zeichen eines lebendigen Umfelds und eine gängige Herausforderung für Projektleiter. Wichtig ist allerdings, dass Ziele nicht stillschweigend verändert werden, sondern nur im expliziten Einverständnis zwischen Auftraggeber und Projektleiter. Es gilt, einen sog. Scope Creep zu vermeiden. Dieses Phänomen beschreibt die Situation, dass sich der Leistungsumfang des Projektes immer weiter ausdehnt und schleichend verändert, ohne dass die verfügbare Zeit und die Ressourcen entsprechend angepasst werden. Möglich ist das, wenn Leistungsumfang und Ziele unscharf formuliert oder nicht klar abgegrenzt sind. Irgendwann sind die Anforderungen nicht mehr zu erfüllen, denn der Scope hat sich unbemerkt weit über die für das Projekt zur Verfügung stehenden Mittel und Fristen ausgedehnt.

Ein Projektleiter kann dem Scope Creep entgegenwirken. Hierzu sollte er sehr wachsam sein, was die Veränderung von Zielen und Leistungsanforderungen anbelangt. Stellt er fest, dass Anpassungsbedarf entstanden ist, muss er darüber mit dem Auftraggeber sprechen und die Zielformulierungen anpassen oder neue Ziele formulieren. Dabei sollte er auch aufmerksam überprüfen, ob die Parameter zu Zeit und Kosten weiterhin angemessen sind, oder ob sie ebenfalls angepasst werden müssen (siehe hierzu näher das Kapitel 11.4).

4.4 Operationalisierung von Zielen

In die Auftragsklärung muss viel Zeit investiert werden. Auch wenn der Auftraggeber und das eigene Team schon nervös werden und sich wundern, warum noch nichts geschehen ist: Der Projektleiter entfesselt die Pferde erst, wenn ihm das Ziel des Projektes und die Wünsche aller Beteiligten völlig klar sind. Übereilig loszurennen und später erst festzustellen, dass wichtige Voraussetzungen nicht geklärt wurden, führt in ein Labyrinth aus Sackgassen, aus dem man nur schwer wieder herausfindet.

4 Operationalisierung von Zielen

Der Moment der Klarheit bei der Auftragsklärung ist erst erreicht, wenn die Ziele nicht nur verstanden und möglichst komplett in der Breite erfasst worden sind, sondern wenn sie auch so detailliert in der Tiefe beschrieben sind, dass sie nachweisbar erreicht werden können. Diese Nachweisbarkeit setzt Messbarkeit voraus.

Bei dieser Zielspezifizierung helfen die sog. FCM-Modelle weiter, die auch bei der Festlegung von Qualitätskriterien für Softwarelösungen verwendet werden. FCM ist ein Akronym für die Begriffe Factor, Criterion, Metrics. Die dahinter stehenden drei Stufen folgen einem streng hierarchischen Aufbau. Auf oberster Ebene stehen ein oder mehrere Ziele. Diese sind meist recht abstrakt und können nicht ohne weiteres in beobachtbare oder messbare Einheiten gebracht werden. Also zieht man eine zweite Hilfsebene ein und gibt jedem Ziel mehrere Kriterien, so lange, bis diese so spezifisch sind, dass die Zielerreichung überwacht werden kann.

> **Beispiel**
> Dem nicht messbaren Ziel auf der obersten Ebene »Moderne Homepage« können etwa die Kriterien »Design«, »Kundenerleben« und »Technologie« zugeordnet werden. Zweck der FCM-Methode ist es Messbarkeit herzustellen. Wenn das mit einer Ebene an Kriterien schon erreicht werden kann, ist es gut, ansonsten muss noch eine weitere Hilfsebene eingezogen werden, die bei Bedarf noch weiter unterteilt wird.
> Zuletzt kommen die Messpunkte. Für das Kundenerleben einer Homepage bieten sich dafür viele konkrete Kennzahlen an, die relativ einfach erhoben werden können, etwa die durchschnittliche Verweildauer pro Seite, die Returning Visitor Quote, die Herkunft des Besuchs.

Manche Kennzahlen lassen sich automatisiert und technisch ermitteln, bei anderen gestaltet sich die Erhebung schon schwieriger. Die Befragung von Nutzern oder Stakeholdern als Methode dafür vorzusehen, kann zu Projektbeginn abschrecken, weil hier Aufwand anfällt, den dann auch jemand leisten muss. Die Investition lohnt aber fast immer – denn wer freut sich nicht, wenn er die Präsentation eines erfolgreichen Projektes abrunden kann mit den Worten: »Und das sagen die Nutzer …«?

Anhand des FCM-Modells entsteht eine Liste von Kriterien und Messpunkten. Über die gesamte Projektlaufzeit hinweg lässt sich damit beobachten, wie sich das Projekt seinen Zielwerten annähert, indem man einen Punkt nach dem anderen als erfüllt markieren kann.

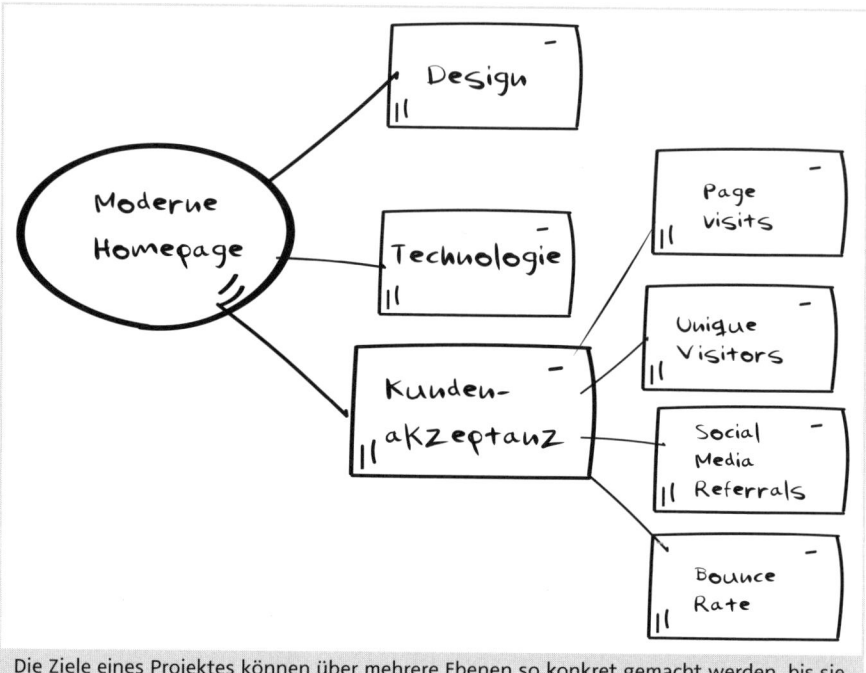

Die Ziele eines Projektes können über mehrere Ebenen so konkret gemacht werden, bis sie messbar sind

5 Die Stakeholder

Das Wort »Stakeholder« ist ein ziemlich unglücklicher Begriff, aus dem man zumindest im deutschsprachigen Raum nicht ohne weiteres schließen kann, wer sich dahinter verbirgt. Eine andere englische Bezeichnung ist da schon verständlicher: **Interested Parties**. Stakeholder sind nämlich Personen oder Personengruppen mit einem Interesse am Projekt. Ihr Interesse kann sich ergeben,
- weil sie einen Nutzen oder Schaden aus dem Projekt haben oder
- weil sie durch das Projekt von Veränderung betroffen sind oder
- weil sie glauben oder fühlen, in ihren Interessen berührt zu sein, was die Sache sehr kompliziert machen kann.

Konflikte mit Stakeholdern sind der Ursprung vieler Projekthindernisse. Auseinandersetzungen und erbitterte Stellvertreterkriege binden Aufmerksamkeit und Ressourcen. Sie können sogar die Ursache für das Scheitern eines Projektes sein.

> **Beispiele**
> Große Bauprojekte stehen still, weil Stakeholder für das Interesse von Insekten eintreten. Öffentliche Boykottaufrufe haben schon so manches Unternehmen dazu gezwungen, Produkt- oder Unternehmensstrategien zu ändern. Die sog. Corporate Social Responsibility Programme von großen Firmen zielen vor allem darauf ab, eine positive Wahrnehmung in der Öffentlichkeit zu erhalten – sie sind quasi eine Form von präventivem Stakeholdermanagement.
> Aber auch abseits der öffentlichen Bühne zerreiben sich täglich unzählige Projektmanager zwischen verhärteten Fronten ihrer Stakeholder und verbrennen dabei Ressourcen in unermesslicher Höhe. Verschleppte Entscheidungen, politische Kompromisse, aus persönlichen Gründen abgelehnte Ideen, Befindlichkeiten aller Art – der Ärger und der Aufwand, den Widerstände von Stakeholdern in Projekten verursachen können, sind für alle Seiten unschön.

Ist also gutes Stakeholdermanagement der Schlüssel zum Erfolg? Sicherlich ist es eine unentbehrliche Methode in Projekten. Denn die Wahrnehmung der Stakeholder entscheidet letztlich darüber, ob ein Projekt als Erfolg gewertet wird. Und man spart bares Geld und viel Nerven, wenn Konflikte rechtzeitig erkannt und gelöst werden.

Es sind Menschen, die Projekte erfolgreich machen. Und es sind Menschen, die ein Projekt blockieren oder scheitern lassen können.

5.1 Wer sind die Stakeholder?

Stakeholder sind einzelne **Personen oder ganze Gruppen, die ein Interesse am Projekt haben** oder davon betroffen sind. Dieses Interesse kann sich sowohl aus der Durchführung des Projektes wie auch aus dessen Ergebnissen ergeben. Dabei gibt es keine neutrale Abgrenzung, denn sobald jemand ein Interesse an dem Projekt auch nur verspürt, macht ihn das zu einem Stakeholder.

- In erster Linie denkt man an die Interessen von Außenstehenden, sog. **externen Stakeholdern**. Das können je nach konkreter Konstellation im Projekt z.B. der Auftraggeber sein, die Kunden bzw. Anwender, Partner und Zulieferer oder externe Aufsichts- oder Kontrollorgane. Externe Stakeholder sind auch Teil des **Projektumfelds,** also Teil aller Faktoren und Einflüsse, die Einfluss auf das Projekt nehmen. Anders als das Wetter, die Rohstoffpreise und die Gesetzeslage sind Stakeholder allerdings Einflussnehmer, mit denen in Kommunikation getreten werden kann.
- Die direkt an einem Projekt beteiligten Personen nennt man **interne Stakeholder**. Je nach Definition gehören dazu neben dem gesamten Projektteam und dem Projektleiter selber auch Führungskräfte und andere Mitarbeiter des Unternehmens. Dieser Personenkreis ist (mehr oder weniger) unmittelbar mit der Arbeit am Projektergebnis betraut und kann durchaus unterschiedliche Motivationen haben, sich dafür zu engagieren. Die Interessenlage dieser Beteiligten hinsichtlich des Projektes sollte gelegentlich reflektiert und überprüft werden.

Stakeholder sind Personen oder Personengruppen mit einem Interesse am Projekt

5.2 Stakeholderanalyse

Vor allem in kreativen Projekten ist es wichtig, die Stakeholder eines Projektes gut zu kennen, und zu verstehen, was ihre Wünsche und Hintergründe sind. Wenn es um Design, Geschmack oder Kundenwünsche geht, hat jeder eine Meinung, die nur selten auf rein rationalen Gründen basiert – besser ist es daher, das Projekt kennt seine Stakeholder und was sie bewegt. **Mit der Stakeholderanalyse können Sie das systematisch herausfinden. Sie beleuchtet Interesse, Einfluss und Einstellung jedes Stakeholders.**

Das **Stakeholdermanagement** umfasst anschließend an die Analyse dann auch alle Maßnahmen zum Umgang mit den Stakeholdern. Es ist eine der Kernfunktionen im Projektmanagement, denn damit können einerseits Risiken erkannt und minimiert werden, aber auch Chancen aufgedeckt werden, die aus den Stakeholdern resultieren.

Die verschiedenen Stakeholder können ganz unterschiedliche und auch widersprüchliche Anforderungen an das Projekt haben, deswegen muss der Leistungsumfang nach der ersten Stakeholderanalyse eventuell noch einmal angepasst werden.

5.2.1 Tabellarische Stakeholderanalyse

Die Stakeholder und deren Interessen **können in tabellarischer Form erfasst werden. In einer Liste werden dazu die einzelnen Stakeholder** aufgeführt und jeweils hinsichtlich ihrer Einstellung und Einflussstärke bewertet.
- Bei der **Einstellung** eines Stakeholders wird erfasst, ob er dem Projekt positiv oder negativ gegenübersteht.
- Die **Einflussstärke drückt aus,** wie stark sich seine Unterstützung oder sein Widerstand auf das Projekt auswirken kann.

Über diese Grundlagen hinaus können in der Analyse auch weitere Aspekte erfasst werden, so z. B., in welchem Maße der Stakeholder vom Projekt betroffen ist, ob es sich um einen **internen oder externen Stakeholder** handelt, oder auch, ob er ein **Multiplikator bzw. Influencer** ist, der weitere Stakeholder mit seiner Einstellung beeinflussen könnte.

Ein Projektleiter ist gut beraten, wenn er sich bei der Analyse und Bewertung der Stakeholder nicht nur auf seine eigene Einschätzung verlässt, sondern sein Projektteam zurate zieht. Das hilft, den eigenen blinden Fleck zu vermeiden und auch kontroverse Sichtweisen auf mögliche Stakeholder zu diskutieren. Die Qualität der Analyse kann dadurch nur gewinnen.

Die tabellarische Form ist eine einfache und sehr gängige Form für die Stakeholderanalyse, weil sich in jeder Zeile auch gleich Maßnahmen zur Einbindung oder Betreuung jedes Stakeholders erfassen lassen. Damit kann das Tool nahtlos für das systematische Stakeholdermanagement weiterverwendet werden.

#	Name	Interesse am Projekt	Einstellung	Einfluss	Massnahmen
1	Stakeholder A	...	−	++	...
2	Stakeholder B	...	+	/	...
3	Stakeholder C	...	−	+	...

Stakeholderanalyse in tabellarischer Form

Die Bewertung der einzelnen Aspekte sollte nach einem **möglichst einfach handhabbaren Raster** vorgenommen werden. Eine Abstufung in fünf Schritten ist in der Praxis meist vollkommen ausreichend. Sie kann mittels Zahlen, Symbolen oder Text vorgenommen werden.

Bewertungsvarianten für die Stakeholderanalyse		
5	++	sehr hoch
4	+	hoch
3	/	mittel
2	−	wenig
1	− −	gering

Wird die Bewertung zu detailliert angegangen, birgt das die Gefahr der Scheingenauigkeit. Die Folge sind lange Diskussionen darüber, ob ein Stakeholder eine Einstellung von +7 oder +8 auf der Skala von −10 bis +10 hat. Das kostet nur Zeit und ist nicht zielführend, weil sich diese Einstellung auch schnell wieder verändern kann und die Stakeholderanalyse immer nur eine Mutmaßung zum aktuellen Zustand ist. Viel wichtiger als Detailtiefe ist es oft, möglichst rasch die wichtigsten Meinungsbildner und die am stärksten betroffenen Stakeholder zu identifizieren. So kann man schnell ein gutes Stakeholdermanagement-Konzept für diese Gruppen etablieren.

5.2.2 Systemische Stakeholderanalyse

Stakeholder sind Menschen und Gruppierungen, die nicht nur einen Bezug zum Projekt haben, sondern auch untereinander ein kompliziertes System von Beziehungen bilden können. Verknüpfungen zwischen ihnen ergeben sich über die Zugehörigkeit zu Unternehmen, Bereichen oder durch den fachlichen Hintergrund. Auch private Freundschaften genauso wie die geografische Nähe zueinander oder auch ganz unerwartete Kontaktpunkte können Verbindungen schaffen. Eine Tabelle könnte das nicht darstellen. Hierfür eignen sich grafische Methoden besser. Man braucht dazu nicht etwa eine spezielle Softwarelösung, ein **Stakeholdersystem** kann auch mit Moderationskarten auf einer Metaplanwand bzw. einer Pinnwand modelliert werden. Diese Methode eignet sich gut als Einstieg in die Stakeholderanalyse. Sie kann mit allen Teammitgliedern zusammen als Brainstorming erarbeitet werden.

Mit Karten und Moderationsmaterialen kann schnell ein Stakeholdersystem visualisiert werden

Die Stakeholder

In diesem System wird ersichtlich, wie die einzelnen Akteure in Bezug auf das Projekt stehen. Es zeigt auch, welche Abhängigkeiten und Verbindungen zwischen ihnen existieren. Visuell lassen sich relativ einfach und übersichtlich sehr viele Informationen darstellen, z. B. mittels unterschiedlich großer Punkte, verschiedener Farben, der Strichstärke und -art, dem Abstand und den Gruppierungen. So entsteht mit wenig Aufwand ein Bild, das dabei hilft, das vielschichtige Stakeholdersystem eines Projektes zu verstehen.

> **Beispiel**
>
> Es kann sich zeigen, dass der Aufbau der Kommunikation zu einem Stakeholder vielleicht einfacher und zielführender über einen Umweg funktioniert, indem man einen weiteren Stakeholder miteinbezieht.

Ebenso hilft die grafische Darstellung, die irgendwann aussieht wie eine Landkarte, die Blickwinkel und das Umfeld der verschiedenen Parteien besser zu verstehen und sich selbst bzw. das eigene Projekt aus anderen Perspektiven zu reflektieren.

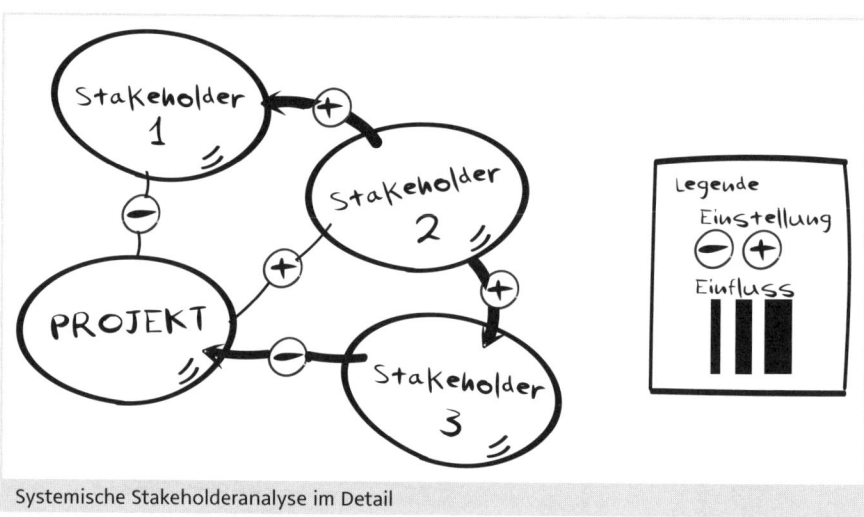

Systemische Stakeholderanalyse im Detail

In der Grafik, die einen Ausschnitt aus einer systemischen Stakeholderanalyse zeigt, wird deutlich, dass der Stakeholder 2 zwar einen geringen Einfluss auf das Projekt hat, aber hohen Einfluss auf die Stakeholder 1 und 3 ausübt. Er ist damit ein wichtiger Multiplikator.

Achtung !

Stakeholderanalysen sind, unabhängig davon, welche Methode angewendet wird, immer nur ein Streiflicht der aktuellen Situation. Schlimmer noch: Sie bilden immer nur Annahmen und Vermutungen ab. Nicht der Stakeholder selbst gibt seine Einschätzung ab, sondern das Projektteam vermutet, was seine Einstellung und sein Einfluss ist. Irrtümer und Fehleinschätzungen können dabei also eine große Rolle spielen. Die Analysen haben deshalb meist den Charakter einer Hypothese, die bereits veraltet sein kann in dem Moment, in dem sie aufgeschrieben ist. Das anerkennend, muss regelmäßig überprüft werden, ob die Einschätzungen nach wie vor gültig und die Hypothesen richtig sind. Ein wertvoller Schritt in diese Richtung ist es, jede Woche den kritischsten Stakeholder sowie den positivsten Stakeholder anzurufen und beide zu fragen, wie es ihnen geht.

5.3 Bedürfnisse von Stakeholdern

Aus dem Blickwinkel der Psychologie betrachtet, sind Bedürfnisse vergleichbar mit Motoren, die unser Handeln antreiben. Gleichzeitig sind sie aber auch sensible Punkte, die nicht verletzt werden dürfen. Im Zusammenhang mit Bedürfnissen kommt oft die Bedürfnishierarchie des US-amerikanischen Psychologen Abraham Harold Maslow ins Spiel. Dieses meist als Pyramide dargestellte Modell gliedert die Bedürfnisse des Menschen in Stufen, ausgehend von lebensnotwendigen Grundlagen zu immer höheren Ebenen sozialer und persönlicher Sehnsüchte, die schließlich in der freien Persönlichkeitsentfaltung und Selbstverwirklichung gipfeln:

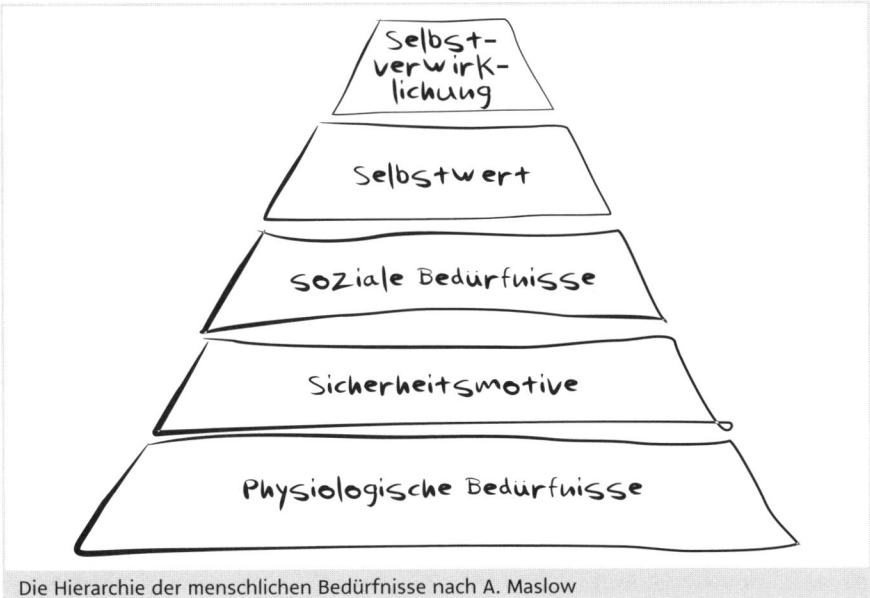

Die Hierarchie der menschlichen Bedürfnisse nach A. Maslow

Die Stakeholder

↓	5	Physiologische Grundbedürfnisse, wie z.B. Essen und Schlaf
↓	4	Sicherheit, Ordnung und Verlässlichkeit
↓	3	Soziale Bedürfnisse, wie z.B. Zuneigung und Zugehörigkeit
↓	2	Selbstwert, Achtung und Anerkennung durch Erfolg, Status und Einfluss
	1	Selbstverwirklichung, beruflich wie privat

Bringt ein Projekt Veränderung hinsichtlich einer dieser Ebenen – oder erweckt es auch nur den Anschein, als könnte es das – sind Bedenken und Widerstände von Stakeholdern unausweichlich. Sie sehen sich dann in ihren Bedürfnissen verletzt. Je fundamentaler die Bedürfnisse sind, die vom Projekt berührt scheinen, besonders auf den Stufen 5 bis 3, desto bedrohter fühlt sich ein Mensch

> **!** **Beispiele**
>
> - Die Entwicklung eines Corporate Designs bedeutet z.B. eine Beschränkung des Freiraums der Mitarbeiter (Stufe 1), die bisher individuelle Designs und Formatierungen verwendet haben.
> - Die Beauftragung einer externen Agentur kann als Minderung der Bedeutung und des Status der internen Marketingabteilung und der angestellten Grafiker wahrgenommen werden (Stufe 2).
> - Ein neuer Werbeslogan kann dem Wirgefühl und dem Selbstverständnis der Belegschaft zuwiderlaufen (Stufe 3).
> - Jede Veränderung von Arbeitsprozessen oder sogar die Einsparung von Aufwand kann als Gefahr für die Arbeitsplatzsicherheit und damit mittelbar auch als Bedrohung der physiologischen Grundbedürfnisse empfunden werden (Stufe 5: Verliert man den Arbeitsplatz, kann man sich z.B. die Wohnung nicht mehr leisten).

Die Beispiele zeigen: Es ist ziemlich schwer, ein Projekt zu finden, das Stakeholder **nicht** in ihren sensiblen Interessen berührt. Umso aufmerksamer muss im Projektmanagement auf diese Bedürfnisse geachtet werden. Dabei sollten Sie sich von folgendem Prinzip leiten lassen:

Jedes rationale Interesse, aber auch jede Emotion, sei sie auch noch so unverständlich, muss ernst genommen werden. Großer Schaden kann entstehen, wenn sich Stakeholder durch ein Projekt bedroht und obendrein in diesen Gefühlen dann auch nicht ernst genommen fühlen. In solchen Fällen sind Konflikte vorprogrammiert – und selbst verschuldet.

Es ist also eine gute Investition aus Sicht des Projektes, den Sorgen und Nöten der Stakeholder viel Aufmerksamkeit zu schenken, auch wenn das auf Dauer ziemlich anstrengend sein kann: immer wieder dieselben Grundlagen erklären, immer wieder auf (aus Ihrer Sicht) unbegründete Ängste eingehen und Katastrophenfantasien besprechen. So schwer kann das alles doch gar nicht zu verstehen sein? Vielleicht ist es das aber doch und dem jeweiligen Stakeholder fehlen einfach die vielen Stunden und Tage Expertise, die durch die Projektarbeit aufgebaut worden ist. Jetzt eine Abkürzung zu nehmen und ihm nur mehr das Nötigste zu erklären, wäre fatal, denn Menschen reagieren sehr sensibel darauf, wenn ihre Mündigkeit eingeschränkt wird. »Mach das künftig so und nicht anders!«, und: »Ich weiß was gut für dich ist« – was uns bereits bei den Eltern genervt hat, wird erst recht bei einem »dahergelaufenen« Projektleiter nicht toleriert. Jeder Erwachsene hat Jahre damit verbracht, sich in der Gesellschaft, privat und beruflich, Selbstbestimmung zu erkämpfen. Bevormundung ist so gesehen der denkbar schlechteste Ansatz im Umgang mit Stakeholdern. Gleiches gilt übrigens auch gegenüber Mitarbeitern.

Es sind drei Komponenten, die unser Gefühl von Selbstbestimmung ausmachen: Verbundenheit, Kompetenz und Autonomie. Sie sollten auch im Umgang mit den Stakeholdern eine Rolle spielen.

- **Verbundenheit** ist der Wunsch nach Kontakt und Zugehörigkeit zu anderen Menschen und zu einem sozialen Gefüge. Wir suchen nach einem Wir-gefühl. In einem Projekt kann dieses Bedürfnis über Kontaktpunkte unterstützt werden, die Stakeholdern Zugang zum Projekt schaffen. Persönlich bekannte Ansprechpartner erzeugen z. B. das Gefühl, die Gesichter hinter dem Projekt zu kennen. Hilfreich sind auch regelmäßige Informationen und Lebenszeichen aus dem Projekt, z. B. mittels Newsletter und Informationsveranstaltungen. Dadurch entwickelt das Projekt an sich einen eigenen Charakter und wird quasi zu einer persönlichen Marke für die Stakeholder.
- **Kompetenz** bedeutet, eigene Fähigkeiten zu entwickeln und damit aktiv werden zu können. Stakeholder sollten in die Lage versetzt werden, die Hintergründe und Konzepte eines Projektes zu verstehen und sich eine eigene Expertise anzueignen. Ihr Informationsbedürfnis kann steigen, wenn ungewohnte Dinge geschehen, die sie tangieren. Werden Stakeholder dazu um ihre Meinung gebeten und haben sie die Gelegenheit, Vorschläge zu machen, wird ihnen dadurch vermittelt, dass sie ernst genommen und als kompetente Ansprechpartner gesehen werden. Gremien, wie z. B. ein Beirat oder ein Sounding Board, können ein gutes Format sein, um Stakeholdern zu zeigen, dass man ihre Kompetenz schätzt und sie in das Projekt eingebunden sind.
- **Autonomie** heißt, die Hoheit über sein Handeln zu haben und nicht von anderen bestimmt zu werden. Dieses Gefühl der Selbstbestimmung und Freiheit ist schnell verletzt, wenn ein Stakeholder sieht, dass ihm keine

Handlungs- und Entscheidungsvarianten zur Verfügung stehen. Sie sollten daher immer auch Entscheidungsmöglichkeiten und Gestaltungsoptionen für Stakeholder vorsehen. Das können gute wie schlechte sein, aber auf jeden Fall ist eine Wahl besser als keine Wahl.

Ein wenig Verständnis für das menschliche Wesen gehört dazu, um das Stakeholdermanagement erfolgreich anzugehen. Wenn Bedürfnisse erkannt und angesprochen werden, **können viele Konflikte vermieden werden.**

> **Grundsätze im Umgang mit Stakeholdern**
> - In allen Fällen ist es wichtig, Stakeholder früh und richtig zu informieren.
> - Sie müssen sich ernst genommen fühlen und als kompetente Ansprechpartner behandelt werden.
> - Sie sollten nie den Eindruck haben, dass ihre Handlungs- und Entscheidungsfreiheit beschnitten wird.

5.4 Konflikte mit Stakeholdern

Zeichnen sich Konflikte mit Stakeholdern ab, gilt es zunächst zu analysieren, wo ihr Ursprung liegt. Hier kann man drei Ebenen unterscheiden:

- Auf der **Sachebene** können das relativ einfach aufzudeckende Gründe sein, wie etwa **konkurrierende Ziele** oder die **unterschiedliche Einschätzung oder Bewertung einer Faktenlage**. So können z.B. aus Sicht einer Marketingabteilung andere Merkmale eines Produkts herausragend sein, als sie der Entwicklungsingenieur sieht – vollkommen zu Recht, und zwar auf beiden Seiten aus unterschiedlichen Gründen. Kommt es hier zu Spannungen, hilft ein Gespräch, um den Konflikt frühzeitig zu lösen.
- Schwieriger zu behandeln sind Konflikte, die auf einer **persönlichen Ebene** entstanden sind oder bereits von der Sachebene dorthin übergeschlagen haben. Die Ursachen dafür können im Zwischenmenschlichen der Akteure liegen, sei es, dass es sich um eine alte Fehde zwischen zwei Kollegen handelt, sei es, dass schlichtweg die Sympathie füreinander fehlt. Nun sollte der Erfolg eines Projektes nicht an solchen Dingen scheitern müssen, auch wenn es viel Mut und Überwindung kostet, Konflikte dieser Art zu thematisieren und zu lösen.
- Am schwierigsten zugänglich sind Konflikte, die aus **Emotionen, Angst, oder Unbehagen** von Stakeholdern geboren sind und nur vordergründig auf der Sachebene oder persönlichen Ebene ausgetragen werden. Dort finden dann große Stellvertreterkriege statt, die ihren Ursprung an ganz anderer Stelle haben. Man muss zu den Wurzeln eines solchen Konflikts vordringen, um ihn lösen zu können.

5.4.1 Das Harvard Konzept: hart, aber fair verhandeln

In Konflikten kann das sog. Harvard Konzept weiterhelfen. Ursprünglich wurde es für die Verhandlungsführung entwickelt. Seine Prinzipien bieten allerdings auch hilfreiche Ansätze für Gespräche mit von Veränderung betroffenen Stakeholdern. Solche Gespräche sind einer Verhandlung häufig nicht unähnlich. Kernidee des Konzepts ist es, sachlich hart, aber fair zu verhandeln, ohne dabei jedoch die persönliche Beziehung aufs Spiel zu setzen. Ziel des Konzepts ist es, den größtmöglichen Nutzen für beide Parteien, also eine echte Win-win-Situation, zu schaffen und nicht nur Kompromisse zu erreichen.

1. Der Ansatz baut darauf auf, die **Sach- und Beziehungsebene bewusst voneinander zu trennen**. Es soll ein Klima der Sympathie, der Fairness und des gegenseitigen Verständnisses herrschen, auch wenn klar ist, dass die Positionen der Gesprächspartner gegenläufig sind.
2. Die Gesprächspartner sollen sich **auf ihre Interessen konzentrieren, anstatt auf Positionen zu beharren**. Es steht also die Frage im Vordergrund, was das Gegenüber bewegt, welche Interessen und Bedürfnisse es hat. Die aktuelle Position einer Partei – zu erkennen an Aussagen wie: »Das geht nicht«, »Das ist falsch«, oder: »Dem stimme ich nicht zu« – kann sich im Gesprächsverlauf noch ändern. Um dahin zu kommen, hilft die Frage: »Was bewegt dich und was willst du wirklich?«
3. Im Gespräch werden **Handlungsalternativen und Optionen entwickelt**: Was wäre, wenn wir es so machen? Oder anders? Die Möglichkeiten werden gemeinsam durchdacht.
4. Für die Optionen werden jeweils **objektive Kriterien** ermittelt, anhand derer sie analysiert und bewertet werden können. So kann z. B. herausgefunden werden, ob ein neuer Prozess wirklich »mehr Arbeit« verursacht oder »komplizierter« ist als der alte, wenn man für die Optionen die Anzahl der Arbeitsschritte und die Zeitdauer vergleicht.

Ist beschrieben, welche Möglichkeiten existieren, kann die gemeinsame Suche nach einem **Interessenausgleich** beginnen. Dieser Ausgleich soll letztlich auch das Ziel der Gesprächspartner sein.

Diese Vorgehensweise kann helfen, einen Konflikt, der ins Emotionale abgleitet, wieder auf eine sachliche Basis zu bringen, und Lösungen zu entwickeln, die für alle Seiten akzeptabel sind. Das Harvard-Konzept hat jedoch auch Grenzen. Es funktioniert nur, wenn die Interessengruppen noch das gemeinsame Gespräch suchen und bereit und fähig dazu sind, sich um eine Lösung zu bemühen. Das ist allerdings realistisch nur möglich, wenn Konflikte noch nicht eskaliert sind.

Die Komponenten des Harvard Konzepts bauen aufeinander auf. Ziel ist eine faktenbasierte Verhandlung auf der Sachebene und als Ergebnis eine Win-win Situation für alle Parteien

5.4.2 Die Eskalationsstufen

Konflikte eskalieren nicht plötzlich und unvermittelt. Ihnen gehen Phasen der Entstehung voran, die beobachtet werden können und für eine gewisse Weile auch noch die Chance zum Eingreifen bieten. Konflikte in ihrer Entstehung zu erkennen, ist eine wichtige Fähigkeit von Projektleitern. Sie können damit so manchen Schaden von ihrem Projekt abwenden, der vermeidbar ist. Die wenigsten Konflikte lösen sich von selbst und ihr Aussitzen ist daher nur höchst selten von Erfolg gekrönt. Mehr noch: Es gilt als professionelles Selbstverständnis eines Projektleiters, Probleme aktiv anzugehen und zu lösen – und Konflikte mit Stakeholdern können ein großes Problem sein.

Der Konfliktforscher Friedrich Glasl hat ein Modell der Eskalation von Konflikten beschrieben, das in neun Stufen einteilt, wie ein Konflikt typischerweise verläuft.

Eskalationsstufen eines Konflikts nach Glasl

Ebene	Stufe	Beschreibung
Ebene 1 (win – win): Klärung des Konflikts ist noch möglich. Beide Parteien können gewinnen.	1. Verhärtung	Fronten bilden und verhärten sich. Es droht Ärger.
	2. Debatte	Es gibt Diskussionen, die zunehmend unnachgiebiger geführt werden.
	3. Schaffung von Tatsachen	Die Parteien werden ungeduldig. Sie mögen nicht mehr länger diskutieren. Es werden Fakten geschaffen, die vorher so nicht besprochen wurden.
Ebene 2 (win – lose): Eine Seite wird verlieren, weil zu viel passiert ist.	4. Bildung von Koalitionen	Die Parteien suchen sich Verstärkung. Sie gehen Koalitionen mit bisher Außenstehenden ein.
	5. Demaskierung des Kontrahenten	Die Diskussionsmoral kippt: Man nutzt jede Gelegenheit, der Gegenseite zu schaden und sie in ein schlechtes Licht zu rücken. Um die Sache allein geht es längst nicht mehr. Der Kampf wird auch unter der Gürtellinie ausgetragen.
	6. Bedrohung	Es gibt Drohszenarien, Machtdemonstrationen und Forderungen, die nicht mehr realistisch erfüllbar sind.
Ebene 3 (lose – lose): Beide Parteien nehmen Schaden, weil sie so tief im Konflikt stecken und zu weit gegangen sind.	7. Begrenzte Vernichtungsschläge	Man freut sich, wenn die andere Partei Schaden nimmt. Der Gegner wird nicht mehr als Mensch gesehen.
	8. Zersplitterung	Soziale Regeln gelten nicht mehr. Psychoterror und Angriffe auf die Existenzgrundlage der anderen Partei finden statt.
	9. Totale Vernichtung	Es geht nur noch um die Vernichtung der anderen Partei, auf den eigenen Sieg kommt es nicht mehr an. Der eigene Untergang wird in Kauf genommen, um dieses Ziel zu erreichen. Jedes Mittel ist dabei recht.

Erschreckender Weise passen diese Stufen der Konflikteskalation genauso auf die alltäglichen Streitigkeiten und Scharmützel im geschäftlichen Umfeld wie auf all die großen und kleinen Kriege, die sich im Lauf unserer Geschichte ereignet haben. Übertragen auf Projekte zeigt das Modell: Je früher der Projektleiter (sich anbahnende) Konflikte erkennt und je mutiger und beherzter er eingreift, desto besser lassen sie sich lösen. Der Schaden, der entsteht, wenn Konflikte ignoriert und ausgesessen werden, kann den kompletten Projekterfolg aufs Spiel setzen. Die Schäden für die beteiligten Personen und Organisation sind dann immer verheerend.

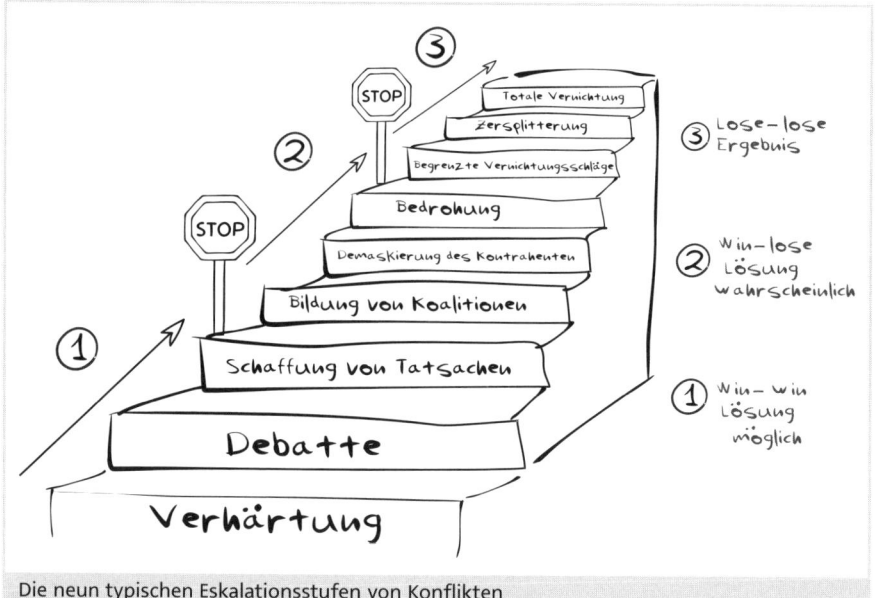

Die neun typischen Eskalationsstufen von Konflikten

> **Beispiel**
>
> Die neue Loyalty App der Janssen & Janssen AG nimmt langsam Fahrt auf. Im selben Maße wird aber die Stimmung zwischen der Marketingleiterin und dem Vertriebsleiter eisiger: Sie läuft zu Höchstform auf und kann nach wenigen Wochen bereits nachweisen, dass durch den Einsatz der App tatsächlich steigende Umsatzzahlen zu beobachten sind und sogar viel früher als erwartet. Er wird zunehmend nörglerisch, kritisiert die App und das Vorgehen der Marketingabteilung als »gefährliches Strohfeuer« und beginnt den Firmenkunden teils Rabatte anzubieten, die höher sind, als im Preismodell für die App festgelegt ist.
>
> Hier entwickelt sich ein Konflikt, der an dieser Stelle wohl meistens noch als Serie schlechter Tage eines verdienten Mitarbeiters abgetan werden würde. Schaut man genauer hin, erkennt man jedoch Folgendes: In seiner Eskalation hat der Konflikt bereits die ersten drei Stufen erklommen: Verhärtung, Debatte und Schaffung von Tatsachen. Es ist also höchste Zeit für eine Intervention, damit noch eine Win-win-Situation möglich ist.
>
> Der Geschäftsführer könnte dazu seine beiden Mitarbeiter zu einer Besprechung einladen und sich bei der Moderation an das Harvard Modell anlehnen. Die Struktur des Gesprächs könnte in groben Zügen so aussehen:
>
> 1. Sachebene und Beziehungsebene trennen: »Ihr seid beide wichtige Mitarbeiter. Was ihr geleistet habt, steht außer Frage. Aktuell habe ich aber das Gefühl, dass zwischen Marketing und Vertrieb Konflikte entstehen, die unsere gemeinsame Leistung beeinträchtigen.«
> 2. Auf Interessen statt Positionen konzentrieren: Vielleicht stellt sich hier heraus, dass der Vertriebsleiter sich um die Verkaufszahlen seiner Abteilung sorgt, weil bald mehr Umsatz über eine App gemacht wird, die in der Marketingabteilung

verantwortet wird. Schließlich hängt aber sein Bonus und der seines gesamten Teams an den Sales-Zahlen. Auch die Marketingleiterin ist jetzt hellhörig geworden und möchte die Erfolge natürlich im Bonus ihres Teams abgebildet haben.
3. Daraufhin könnten die drei Gesprächspartner die Schnittstellen zwischen Marketing und Vertrieb neu festlegen, denn die App hat ja auch eine Situation geschaffen, die bisher nicht da war. Die Kennzahlen zur Zielerreichung beider Abteilungen könnten ebenfalls neu definiert werden.

Der Konflikt wird mit dieser Lösung in seiner Entstehung gerade noch rechtzeitig gestoppt. Es entsteht eine Win-win Situation. Wenn die beiden Abteilungen jetzt ihre Kräfte bündeln, kann das nur zuträglich für das Projekt und das Unternehmen sein.

Es bleibt jedoch ein Wermutstropfen: Die Interessenlage des Vertriebsleiters hätte schon im Zuge der Stakeholderanalyse bei Projektstart erkannt werden können. Der gesamte Konflikt wäre also wahrscheinlich vermeidbar gewesen.

5.5 Strategien im Umgang mit Stakeholdern

Der richtige Umgang mit Stakeholdern ist gleichermaßen schwierig wie wichtig. Tatsächlich kann Stakeholdermanagement als eine Königsdisziplin des Projektmanagements angesehen werden. Hier helfen elaborierte Methoden nur zum Teil. Erfolg hat in dieser Disziplin nur derjenige, der in seiner Persönlichkeit die notwendige Professionalität, Authentizität und die angemessene Haltung vereint.

Es gibt verschiedene Strategien im Umgang mit Stakeholdern. Immer mehr setzt sich dabei ein **partizipativer Ansatz** durch. Er ist davon geprägt, dass Stakeholder ernst genommen und früh an der Gestaltung von Projekten beteiligt werden. Sie sind schließlich betroffen von dem Projekt, also sollen sie auch umfangreiche Möglichkeiten haben, es zu formen. Mit dieser Strategie werden Widerstände vermieden, denn die Energie, die durch Betroffenheit freigesetzt wird, kann sich bestenfalls konstruktiv im Projekt entladen. Stakeholder sind damit nicht nur Mittelpunkt des Stakeholdermanagements, sondern können gleichzeitig auch Quelle für Informationen sein und zur Unterstützung des Projektes dienen.

Im Gegensatz dazu steht der **konfrontative Ansatz**, bei dem Stakeholder als Gegner angesehen werden. Dementsprechend werden von Anfang an alle Mittel zur Eingrenzung ihres Einflusses eingesetzt. Diese Haltung scheint nicht in ein Umfeld zu passen, das Harmonie und die Zufriedenheit aller Beteiligten anstrebt. Dennoch ist es Realität, dass auch ein zugewandtes und positivistisches Stakeholdermanagement in Sackgassen geraten kann.

Konfrontation und Kämpfe um Macht und Einfluss in Projekten binden Ressourcen und führen selten zu einem besseren Ergebnis. Meist schränken sie mindestens den Handlungsspielraum der beteiligten Akteure ein. Sie verengen damit auch die Möglichkeiten, das Projekt zu gestalten. Es ist ein Ziel von professionellem Stakeholdermanagement, diese Auseinandersetzungen zu vermeiden, auch wenn das nicht immer möglich ist. Macht, Interesse und Einfluss sind Faktoren von Stakeholdern, die analysiert und bewusst adressiert werden können.

Ist eine Konfrontation oder ein offenes Gefecht unausweichlich, sollten folgende Punkte bedacht werden:
- **Position sichern:** Ein starkes Mandat des Projektleiters, verbunden mit einem unmissverständlichen Projektauftrag, legitimieren seine Position. Diese Grundlagen müssen in der Auftragsklärung schon gelegt worden sein, um im Konfliktfall unterstützend wirken zu können.
- **Rückhalt schaffen:** Ein gutes und stabiles Netzwerk mit den Stakeholdern und insbesondere den Machtpromotoren darunter gibt Projektleitern die notwendige Rückendeckung.
- **Haltung bewahren:** In jeder Situation, auch wenn das Gegenüber persönliche Angriffe startet und beleidigend oder verletzend wird, müssen der Projektleiter und sein Team professionell und sachlich bleiben. Von ihrer Seite aus sollte nie Öl ins Feuer gegossen und Konflikteskalation betrieben werden. Ihr Verhalten wird von den übrigen Stakeholdern genau beobachtet.
- **An später denken:** Ist der Konflikt beigelegt, muss die Zusammenarbeit meist weitergehen. Es sollte deshalb nicht mehr Porzellan zerschlagen werden, als unbedingt nötig ist.
- **Nicht um jeden Preis:** Gesundheit, Freude und ein Leben nach dem Projekt sind hohe Güter und wichtiger als jeder Konflikt im Projekt. Ziehen Sie eine Kosten-Nutzen-Bilanz: Stehen Aufwand und Ärger im Verhältnis zum möglichen Sieg? Was macht der Konflikt mit mir selber? Es ist gar nicht so abwegig, dass sich eine sehr schlechte Bilanz aus Aufwand und Nutzen zeigt, wenn man einen Konflikt mit etwas Abstand betrachtet. Dabei hilft z. B. ein gutes Gespräch mit Freunden oder vertrauten Kollegen.

»Vertrauen Sie uns, das wird gut«, »Sie werden begeistert sein«, oder: »Wir brauchen nur noch ein bisschen mehr Zeit, dann ...« – Sätze wie diese hören Stakeholder oft. Sie appellieren an ihr Vertrauen. Vertrauen ist ein wertvolles Gut im Projektmanagement, aber leider auch ziemlich scheu und flüchtig: Es baut sich nur langsam auf, kann aber in Sekunden zerstört werden. Technisch betrachtet ist Vertrauen ein Zustand positiver Erwartungen hinsichtlich der Motive seines Gegenübers, insbesondere, wenn man dabei an riskante Situationen für sich selbst denkt. Wenn wir jemandem Vertrauen schenken, steht dahinter also die Erwartungshaltung, dass er uns in einem schwachen Moment nicht in den Rücken fällt. Wir reagieren generell sehr sensibel darauf, wenn wir in dieser Erwartungshaltung enttäuscht werden. Vertrauen ist kein Spiel und kein Kunstprodukt. Die Menschheit hat Jahrtausende unter anderem deswegen überlebt, weil wir es genau spüren, wem wir trauen können und wem wir misstrauen müssen.

Projektmanager sollten großes Interesse daran haben Vertrauen aufzubauen: zu ihren Stakeholdern, zu den Auftraggebern, im Team. Vertrauen ist ein kostbares Kapital, das nicht im Projektbudget abgebildet wird und auch mit Geld nicht zu erkaufen ist.

Wie Sie Vertrauen aufbauen

- Absprachen werden eingehalten, auch wenn sie nur mündlich vereinbart wurden und nicht schriftlich niedergelegt sind.
- Zusagen geraten nicht in Vergessenheit und werden zügig erledigt.
- Manchmal lassen sich Zusagen nicht erfüllen. Wenn das der Fall ist, folgt so früh wie möglich eine Entschuldigung und ein plausibler Grund.
- Eine ehrliche Entschuldigung ist besser als eine schlecht erfüllte Zusage. Damit stellen wir uns ins Risiko und zeigen, dass wir auch dem Gegenüber vertrauen.
- Schlechte Nachrichten werden früh und unbeschönigt mitgeteilt. Vermeiden Sie Salamitaktik bei der Kommunikation von negativen Informationen. Sie ist eine verlässliche Möglichkeit, Vertrauen in das Projekt grundsätzlich und dauerhaft zu zerstören. Geben Sie lieber ehrlich, mutig und ohne zu zögern zu, was schiefläuft. Diese Haltung wird bestenfalls sogar als Stärke wahrgenommen.
- Fehler sind Chancen zu lernen. Wer nicht nur zeigt, dass er bereit ist, aus Fehlern zu lernen, sondern auch wirklich lernfähig ist, dem werden auch weitere Fehler zugestanden.
- Reden Sie nicht schlecht über Stakeholder. Wer schlecht über andere redet, beeinflusst sich letztlich selbst und macht es sich schwer, unvoreingenommen mit ihnen in Kontakt zu treten. Zum anderen nehmen alle anderen Stakeholder wahr, wie über unliebsame Interessensgruppen gesprochen wird. Das kann das Projektteam sehr unsympathisch aussehen lassen.
- Achten Sie auf die Reputation des eigenen Projektes. Wenn es insgesamt als solide und sympathisch wahrgenommen wird, kann es leichter Vertrauen gewinnen und bietet weniger Angriffsfläche für Vorwürfe und negative Kritiken.

6 Das Projektteam

In den ersten Kapiteln dieses Buches haben wir uns mit den Basiswerkzeugen, -methoden und -strategien für Projekte beschäftigt. Nun ist es an der Zeit, sich mit dem Herzstück jedes kreativen Projekts zu befassen: dem Projektteam. Kreative Projekte müssen sich fast ausschließlich auf menschliche Ressourcen verlassen. Anders als bei den technisch geprägten Hardwareprojekten, die in der historischen Entwicklung als die Homezone der klassischen Projektmanagementmethoden angesehen werden können, entsteht im Kreativbereich nur in wenigen Fällen ein physischer Gegenstand als Ergebnis, sondern meist eine große Idee, die sich nur in wenigen greifbaren Dingen manifestiert. Der neue Claim eines Unternehmens hat nur drei Worte, das neue Jingle nur wenige Töne. So beeindruckend simpel und schön das Ergebnis erscheinen mag – der Aufwand, der vor kreativen Leistungen steht, ist für den Laien selten erkennbar.

Die Quelle der Idee und die Werkstatt zu ihrer Realisierung ist das Projektteam. Es zusammenzubringen, anzuwärmen, auf ein Performance-Niveau zu führen und am Ende punktgenau zu landen, erfordert Sensibilität und eine starke Persönlichkeit des Projektleiters. Denn in kreativen Teams finden sich schillernde Genies und stille Denker, Kommunikative und Ruhige, Ästheten und Perfektionisten, Bedenkenträger und Vorreiter, Macher, Visionäre und noch viele andere Charakterköpfe. Es ist eine Herausforderung, alle diese Individuen zu orchestrieren.

> **Beispiel**
>
> Die Luftfahrt wurde schlagartig sicherer, als man vor über 40 Jahren erkannte, was die Ursache für viele Flugzeugabstürze war: menschliche Fehler. Bei genauerer Betrachtung fiel auf, dass viele davon vermeidbar gewesen wären. Es herrschte damals z.B. ein steiles Gefälle in der Hierarchie zwischen dem Piloten und dem Rest der Besatzung. Niemand traute sich, dem Kapitän zu widersprechen, auch dann nicht, wenn er einen Fehler machte. Und Fehler konnten leicht passieren in den damaligen Cockpits, die voll mit Anzeigen und Schaltern waren, gestaltet von Ingenieuren mit technischer Logik, aber nicht mit dem Bediener im Kopf, der unter Stress Probleme lösen muss. So ist beispielsweise ein vollbesetztes Passagierflugzeug abgestürzt, weil die gesamte Cockpit Crew damit beschäftigt war, die Ursache für ein rotes Warnlicht zu finden. Sie übersah dabei, dass die Maschine in einen kontinuierlichen Sinkflug übergegangen war.
> Um hier eine Besserung zu erreichen, wurden sog. Crew Resource Management Konzepte entwickelt, die heute üblicher Bestandteil der Ausbildung und regelmäßigen Schulung von Flugbesatzungen sind. Sie machen die Teams dafür sensibel, wie menschliche Fehler entstehen und wie anfällig unsere Wahrnehmung für Täuschungen ist. Zum Training gehören Techniken zur effizienten Kommunikation auch unter Stress und zur Entscheidungsfindung. Die Mitglieder eines Teams werden als

> Ressourcen gesehen, die nutzbar gemacht und aktiviert werden müssen, wenn es notwendig ist. Heute sollte sich jeder Copilot trauen, seinem Kollegen zu widersprechen.
>
> Das Paradox von Crew Resource Management ist es, dass der Mensch als Quelle von Fehlern gesehen wird, aber auch als wichtigstes Mittel, um einen Fehler wieder einzufangen, bevor Schlimmeres passiert.

Die Luftfahrt und die kreativen Branchen unterscheiden sich natürlich stark voneinander. Im Cockpit zählen Beständigkeit, die perfekte Ausführung standardisierter und eingeübter Prozesse und eine professionelle Uniformität, die es erlaubt, Personal und Positionen jederzeit zu tauschen. Ganz anders ist es im kreativen Bereich, wo Individualität und Neuartigkeit gefordert sind, um bestehende Konventionen und Gewohnheiten immer wieder zu brechen und herauszufordern. Dennoch spielt auch dort der Gedanke der Teamressourcen eine wichtige Rolle. Es ist die Aufgabe des Projektleiters, ein Umfeld zu schaffen, in dem die Ressourcen des Projektteams verfügbar werden. Fehler können und werden passieren. Sie dürfen aber das Team nicht lähmen, sondern müssen Impulse für Verbesserungen sein. Einen Fehler zu machen und zuzugeben, ist völlig in Ordnung. Erst ihn zu wiederholen, ist blöd. Es geht also darum, alle Individualisten – die ja aufgrund eines besonderen Talents oder einer speziellen Kompetenz im Projekt sind – so zu unterstützen, dass sie ihre Fähigkeiten aufblühen lassen und im Projekt einsetzen können. Methoden und Hintergründe dazu kann die Sozialpsychologie liefern, die sich mit Individuen und deren Interaktionen mit anderen beschäftigt.

Die Ära der herrischen, unwirschen und egozentrischen Führungskräfte in Unternehmen und Projekten geht langsam, aber sicher zu Ende. Immer mehr setzt sich die Erkenntnis durch, dass sie mehr Schaden anrichten, als Nutzen bringen. Eine neue Generation wächst heran mit einem natürlicheren Verständnis von Leadership. Moderne Führungsansätze sind stark beeinflusst von Motivationspsychologie, Systemtheorie und der Haltung, dass Führungskräfte Umgebungen schaffen müssen, in der Leistung ermöglicht wird. Die Rolle des Leiters eines Teams ist dabei nicht mehr die des Mastermind, das alles vorausplant, steuert und kontrolliert – vielmehr wird die Führungskraft zum Enabler, der seine Crew coacht und unterstützt.

6.1 Wie ein Team funktioniert

Team ist nicht gleich Team. Nur weil mehrere Personen zusammenarbeiten, bedeutet das noch nicht, dass sie auch überragende Ergebnisse schaffen. Es besteht ein Unterschied zwischen beliebigen Arbeitsgruppen und echten Teams.

6 Wie ein Team funktioniert

- Ein **Team** besteht aus einer überschaubaren Anzahl von Menschen, deren Fähigkeiten sich ergänzen. Es dient einem gemeinsamen Zweck, hat Ziele hinsichtlich seiner Leistung und teilt einen Ansatz, wie es diese Ziele erreichen möchte. Für Zweck, Ziele und Ansatz fühlt es sich zusammen verantwortlich. Ein Team formt eine Art sozialen Organismus, der in seiner Summe Ergebnisse hervorbringt und Leistungseigenschaften zeigt, die nicht aus der Summe seiner Einzelteile erklärt werden können.
- Eine **Arbeitsgruppe** dagegen findet man in der Praxis häufiger vor. In ihr kommen einzelne Personen zusammen, die bezogen auf eine Aufgabe Erfahrungen und Kompetenzen zusammenbringen. Jeder macht seinen Job und bleibt auch für seinen Teil der Ergebnisse verantwortlich. Ein Gefühl der gemeinsamen und geteilten Verantwortung kommt nicht auf. Dafür können Arbeitsgruppen schnell produktiv werden. Phasen des Teambuildings braucht es nicht; der Leiter kann die Sitzungen straff moderieren, um die To-dos abgearbeitet zu bekommen.

Funktionierende Teams verfügen über einen Mix aus verschiedenen Skills:
- Zuerst muss natürlich die **technische und fachliche Expertise** vorhanden sein, die der Arbeitsgegenstand erfordert.

> **Beispiele**
> Eine Gruppe von Baustatikern wird sich schwertun, ein Marketingkonzept zu entwickeln, und niemand möchte in einem Haus wohnen, dessen Statik von drei Marketingexperten berechnet wurde.

- Es braucht Teammitglieder, die Kompetenzen zur **Problemlösung und Entscheidungsfindung** mitbringen. Beides sind Metakompetenzen, die unentbehrlich für ein Projektteam sind.

> **Beispiel**
> Die Luft im Besprechungsraum ist stickig geworden. Die Köpfe rauchen und die Diskussion stockt. Jetzt hilft es, wenn jemand die Diskussionsergebnisse zusammenfasst, einen Vorschlag macht, wie man weiter vorgehen könnte. Oder es braucht jemanden, der auch mal die eine Frage stellt, die alle bisherigen Bemühungen in einem neuen Licht erscheinen lässt.

- Schließlich sind noch die **zwischenmenschlichen Kompetenzen** wichtig. Das sind Fähigkeiten, ohne die eine Zusammenarbeit im Team nicht funktioniert.

> **Beispiel**
>
> Es braucht Teammitglieder, die das Eis brechen können, die ihre gute Laune auch dann nicht verlieren, wenn die Probleme immer größer scheinen und die Lösung immer unwahrscheinlicher wird, die vermitteln, wenn es zum Streit zwischen zwei Kollegen kommt, und die früh wahrnehmen, wenn Spannungen entstehen.

6.2 Phasen der Teamentwicklung

Ein Team funktioniert nicht gleich nach seiner Zusammenstellung. Im Gegensatz zu einer Arbeitsgruppe muss es sich erst finden und entwickeln, wird dann aber um ein vielfaches performanter. Die unterstützenden Maßnahmen hierfür werden **Teambuilding** genannt, was nicht falsch verstanden werden darf: Ein Team wird nicht geformt, es formt sich selber. Dafür braucht es Zeit, passende Gelegenheiten, Begegnungsräume und ein paar Impulse, um sich aufeinander zuzubewegen und sich miteinander auseinanderzusetzen.

Projektteams sind per Definition keine dauerhaften, sondern – beschränkt auf die Projektlaufzeit – nur **temporäre Teams**. Und trotzdem muss für deren Teambuilding-Maßnahmen ausreichend Zeit und Budget eingeplant werden, damit aus einem Haufen von Experten ein gut funktionierendes und leistungsfähiges Projektteam werden kann.

Es gibt wiederkehrende **Phasen der Teamentwicklung**, durch die Gruppen laufen, die neu zusammengestellt wurden. Jede dieser Phasen hat Besonderheiten, auf die ein Projektleiter gefasst sein muss und die er zu moderieren in der Lage sein sollte.

- Zu Beginn steht eine Phase der Orientierung und des Kennenlernens, das sog. **Forming**. Es findet statt, wenn die Mitglieder des neuen Teams zusammenkommen, sich gegenseitig beschnuppern und nach Strukturen und Ordnung suchen. In dieser Phase müssen Ziele und Regeln der Zusammenarbeit geklärt werden und Vertrauen untereinander aufgebaut werden. Der Projektleiter sollte deshalb am Anfang des Projektes Gelegenheiten schaffen, damit die Teammitglieder ihn und auch sich untereinander kennenlernen. Es muss nicht immer ein Besuch im Klettergarten sein. Manchmal reicht es dazu bereits, die ersten Workshops nicht mit Arbeitsthemen zu überladen und bewusst auch persönliche Themen anzusprechen.
- Langsam folgt dann die Phase des **Storming**, in der Konflikte zwischen den Teammitgliedern aufbrechen und ausgetragen werden müssen. Dabei geht es meist um Positionen oder Rollen im Team. Der Projektleiter sollte das zulassen, muss aber darauf achten, dass die Fairness gewahrt bleibt und dass die Konflikte auch wirklich beigelegt werden. Er muss vermeiden,

dass schwelende Fehden entstehen oder sich die Konflikte soweit zuspitzen, dass sie eskalieren (siehe hierzu auch das Kapitel 5.4.2).
- Sind die Revierkämpfe geschlagen, gelangt das Team allmählich in die Phase des **Norming**. Hier beginnt die Arbeit im Team produktiv zu werden, denn jeder weiß jetzt, was er von seinen Kollegen zu erwarten hat. Er kann sich deswegen auf seine Aufgaben konzentrieren. Der Projektleiter sollte sich nun etwas zurücknehmen, hauptsächlich auf die Rahmenbedingungen achten und einzelne Teammitglieder fördern, falls sie noch auf das Niveau der anderen kommen müssen. Das Team sollte jetzt ganz gut alleine zurechtkommen und beginnen, seine Kräfte zu entfalten.
- Erst dann kommt die produktive Phase des **Performing**. Hier läuft das Team zu Höchstleistungen auf und zeigt endlich die Eigenschaften eines richtig guten Teams: Die Ergebnisse beeindrucken und übersteigen das, was sich aus der Summe der einzelnen Teammitglieder erklären lässt. Jetzt kann auch eine Form der Teambindung einsetzen, durch die sich die Mitglieder gegenseitig weiter anspornen, immer mehr Leistung zu bringen. Tritt das ein, droht die Gefahr, dass das Team überhitzt und die Teammitglieder beginnen auszubrennen. Der Projektleiter sollte daher in dieser Phase sehr wachsam sein und das Team zur Not auf ein gesundes Arbeitspensum einbremsen. Hierbei können einfache Regeln helfen. Es kann z.B. festgelegt werden, dass ab 20 Uhr oder an Wochenenden niemand mehr im Büro sein darf. Was vor wichtigen Meilensteinen gelegentlich sein muss, darf nicht zur Regel werden. Der Projektleiter muss als Führungskraft Verantwortung für die Gesundheit seiner Mitarbeiter übernehmen. Auch aus Projektsicht ist das sinnvoll: Ist erst einmal ein gutes Projektteam entwickelt, sollte seine Leistungsfähigkeit auch langfristig aufrechterhalten werden.
- Speziell in Projekten steht immer auch eine fünfte Phase der Teamentwicklung an, die Trennung oder **Adjourning** genannt wird. Mit dem nahenden Abschied aus einem guten Team kommt der Trennungsschmerz, denn die Zusammenarbeit hat spätestens seit der Performing-Phase Spaß gemacht. Vielleicht sind sogar neue Freundschaften entstanden. Jetzt muss der Projektleiter wieder steuernd aktiv werden. Er muss diese Zeit gestalten: Für die einzelnen Mitarbeiter sollte er Ausstiegspfade bauen, also klarmachen, zu welchem Meilenstein jemand das Projekt verlässt. Er sollte dazu, wenn möglich, das Ausscheiden mit einer positiven Konnotation verbinden. Ein Empfehlungsschreiben und ein offizielles Dankeschön kosten nichts und können große Wirkung haben. Auch dürfen Alltäglichkeiten nicht vergessen werden. Ein einfacher Laufzettel oder eine Checkliste nehmen schon die Ungewissheit und das ungute Gefühl, wenn noch der Transponder, der Laptop und ein Firmenausweis abgegeben werden sollen. Für das gesamte Team sollte mindestens eine Veranstaltung geplant werden, in deren Rahmen der Erfolg, aber auch der Abschied gebührend gefeiert werden kön-

nen (siehe hierzu auch das Kapitel 13). Haben diese Emotionen einen Platz, kann das Leistungsniveau im Team bis zum endgültigen Ende des Projektes aufrechterhalten werden.

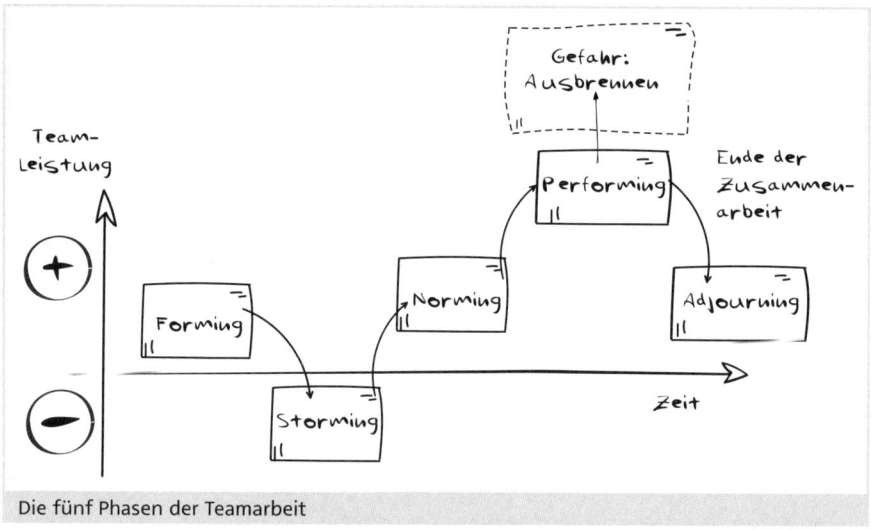

Die fünf Phasen der Teamarbeit

6.3 Informelle und persönliche Rollen in Teams

Teams leben von der Vielfalt ihrer Mitarbeiter. Nicht nur die unterschiedlichen fachlichen Kompetenzen machen diese Vielfalt aus, sondern auch die Persönlichkeiten und Rollen, die im Team vertreten sind. Einige dieser Rollen sind wiederkehrend und lassen sich in vielen Teams finden. Geschickt kombiniert können sie das gewisse Extra eines Teams sein. Gewinnt allerdings ein Typus die Überhand, kann das Schwierigkeiten mit sich bringen.

- **Handlungsorientierte** Rollen bringen Fahrt ins Projekt: Es braucht die **Gestalter**, die Dinge einfach tun und ungeduldig werden, wenn Stillstand herrscht. **Umsetzer** packen an und implementieren Dinge, auch wenn sie etwas unflexibel sein können, wenn sie einmal einen Weg eingeschlagen haben. Die **Perfektionisten** sorgen für Qualität im Detail und Fehlerfreiheit, auch wenn sie gelegentlich etwas übergenau und vorsichtig sind.
- Die **kommunikationsorientierten Rollen** sind das Öl im Getriebe eines Teams: **Koordinatoren** bauen Vertrauen auf und bringen Abstimmungen und Entscheidungen voran. **Teamspieler** kommunizieren und arbeiten mit allen zusammen, sind aber in kritischen Situationen froh, nicht in der ersten Reihe zu stehen. **Netzwerker** finden und entwickeln neue Kontakte, sind kommunikationsstark und extrovertiert, dabei manchmal jedoch zu optimistisch.

- Ohne die **wissensorientierten Rollen** würde sich das Projekt nicht vom Fleck bewegen: **Erfinder** kommen mit neuen Ideen und unorthodoxen Lösungen, wenn alle anderen noch in alten Bahnen denken. **Beobachter** können sehr analytisch auf Dinge blicken und Kritik üben. Die **Spezialisten** schließlich haben all das nötige Fachwissen ihrer Domäne und gehen tief ins Detail – oft zu tief für Außenstehende.

Eine eindeutige Zuordnung der Teammitglieder zu diesen Rollen ist meist nicht möglich. Je nach Umfeld und Anlass variieren die Rollen, in denen wir uns wiederfinden können. Sinn eines groben Rollenmodells ist es auch gar nicht, Personen in enge Schubladen zu stecken. Vielmehr geht es darum, den Facetten des Verhaltens in Gruppen Namen zu geben, um erkennen zu können, aus welcher Vielfalt verschiedener Typen sich ein Projektteam zusammensetzen kann.

Mit jeder Rolle gehen individuelle Verhaltensweisen einher und es sind Erwartungen des restlichen Teams daran geknüpft.

> **Beispiel**
> Wenn ein bislang mutiger Macher ins Zögern gerät, wird das eher wahrgenommen und beunruhigt das gesamte Team, als wenn gleiches ein Spezialist oder Beobachter tut, der ohnehin gerne und häufig Probleme erkennt.

So können Rollen auch schnell zu Gefängnissen werden, aus denen man nicht mehr entfliehen kann. Der Projektleiter sollte in seiner Funktion als Moderator und Coach eines Teams darauf achten, dass Stereotype nicht zum Nachteil eines Teammitglieds oder der ganzen Gruppe zementiert werden.

6.4 Selbstorganisierende Teams

Als Management zur Profession und Wissenschaft wurde, waren die Städte der Industrienationen keine schönen Orte. Fabrikschlote stießen unablässig dunkle Schwaden von Abgasen in die Luft und wer nicht zu den wenigen Glücklichen mit höherer Bildung, reichen Eltern oder beidem gehörte, durfte schon froh sein, einen Job in einer Fabrik ergattern zu können. Die Fabrikchefs trieb die Frage um, wie sie die Produktivität der Fließbänder erhöhen konnten. Wer Hilfe dabei benötigte, heuerte Wissenschaftler und Zahlenexperten an, die dann Zeiten stoppten, Leistungsmengen maßen und Abläufe optimierten. Es war die Geburtsstunde der Unternehmensberatung. Bewährte Konzepte der Führung existierten bereits im Militär und wurden auf Unternehmen adaptiert: Stab- und Linienorganisation, Befehl und Gehorsam, Dienstanweisungen, strategische und operative Planung, Zweck-Mittel-Relation. Die Sprache und das Denken des Managements waren geprägt von diesen Begriffen und sind es auch heute noch.

Sie werden seitdem immer mal wieder aufs Neue kritisch diskutiert und überdacht, so z.B. die Form und die **Aufgabe von Führung in Teams**. In der Planung von Fabriken gab es noch das Konzept der Trennung von Planung und Ausführung einer Arbeit. Ein Experte machte sich dabei Gedanken, wie eine Tätigkeit am besten verrichtet werden sollte. Seine Erkenntnisse wurden dann von schlechter ausgebildeten Arbeitern ohne weiteres Hinterfragen umgesetzt. Aber diese Form der Führung resultierte zunehmend in Konflikten. Kein Wunder, denn es gab immer mehr Mitarbeiter mit einer höheren Qualifikation und Aufgaben, die Kreativität und innovatives Denken erforderten.

Vor diesem Hintergrund entstanden teilautonome Arbeitsgruppen bzw. **selbstorganisierende Teams**. Die Idee, die dahinter steht, ist einfach: Wenn das Wissen und die Kompetenz in einem Team nicht konzentriert bei der Führungskraft liegen, dann sollte und kann diese auch nicht die Arbeitsplanung machen. Die Rolle der Führungskraft ändert sich dementsprechend hin zu einem Coach oder Enabler, während das Team selber überlegen und entscheiden muss, wie es seine Aufgaben am besten löst. Die Teammitglieder legen also die Regeln und Abläufe ihrer Arbeit selbst fest und kontrollieren das Ergebnis. Die Führungskraft moderiert diesen Prozess, wenn sie nicht sogar ganz überflüssig wird. Dieses Konzept wurde in Softwareentwicklungsprojekte übernommen, wo der Grad an Neuartigkeit und Komplexität der Aufgaben hoch ist, ebenso wie die Kompetenz der einzelnen Teammitglieder. Heute findet sich das Konzept in allen agilen Ansätzen wieder.

Es ist leicht nachzuvollziehen, dass Selbstorganisation zu einer höheren Arbeitszufriedenheit der Teammitglieder führen kann. Dennoch sollte das Konzept mit Bedacht angewendet werden. Zu den klassischen Aufgaben einer Führungskraft im traditionellen Verständnis gehören Arbeitsplanung, -vorbereitung und -kontrolle. Damit geht das Ziel einher, dass Arbeitskraft an der richtigen Stelle und effizient eingesetzt wird. Mit der Selbstorganisation werden auch diese Aufsichts- und Kontrollfunktionen auf das Team übertragen. Die Freiheit der Teammitglieder wächst, ebenso aber auch deren Verantwortung. Selbstorganisation in Teams bedeutet daher nicht, dass jeder macht, was er will. Im Gegenteil: Es braucht qualifizierte Mitarbeiter, die selbstständig arbeiten können und zudem soziale Kompetenz für die Arbeit im Team mitbringen, ebenso wie ein hohes Maß an Disziplin und Eigenmotivation. Das macht die Personalsuche nicht einfacher und auch die Teamzusammenstellung nicht.

Diese Rahmenbedingungen sollten bedacht werden, wenn man Selbstorganisation einführt. Unüberlegt und einfach so sollte das nie geschehen.

6.5 Organigramme

Organigramme sind eine grafische Methode, um die Linien von Verantwortung und Kommunikation in einer Organisation darzustellen. Linie ist dabei ein wichtiges Stichwort, denn wer eine Linie unter seinem Namen findet, trägt Verantwortung für das, was darunter geschieht.

Dabei kann unterschieden werden zwischen der **Fachverantwortung**, die sich auf Arbeitsergebnisse und fachliche Themen beschränkt, und der **disziplinarischen Verantwortung**, die sich auf die Führung der Mitarbeiter aus arbeitsrechtlicher Sicht bezieht.

- Ein **disziplinarischer Vorgesetzter** ist in der Regel jemand, der gegenüber seinem Mitarbeiter bei Bedarf Abmahnungen und Kündigungen aussprechen darf.
- Der **fachliche Vorgesetzte** kann Anweisungen geben, wie eine Arbeit auszuführen ist, nicht aber disziplinarische Maßnahmen ergreifen, wenn seine Anweisungen nicht befolgt werden.

In kleinen Unternehmen fallen beide Aufgaben zusammen. Dort ist dann der Geschäftsführer sowohl fachliche als auch disziplinarische Führungskraft. Ob eine Leitungsfunktion im Unternehmen mit fachlicher oder disziplinarischer Macht beliehen ist, lässt sich allerdings nicht ohne weiteres aus dem Organigramm ablesen.

Grafisch unterscheidbar sind allerdings **Stabsstellen**. Sie haben eine beratende oder unterstützende Funktion für eine Linienstelle. Das Projektoffice ist z.B. eine unterstützende Stabsstelle des Projektleiters; die Rechtsabteilung ist eine beratende Stabsstelle der Geschäftsführung.

Das Organigramm eines Projektes wird zu dessen Beginn jeweils neu erstellt und gilt dann sozusagen neben oder zusätzlich zur normalen Organisationsstruktur eines Unternehmens, aber eben nur für ein einzelnes Projekt und die Dauer seiner Laufzeit. Das bedeutet, dass Mitarbeiter eines Unternehmens sich gleichzeitig in verschiedenen Organigrammen wiederfinden können. Die Mitarbeiter im Projektteam sind dem Projektleiter üblicherweise fachlich unterstellt, disziplinarisch aber weiterhin einer Führungskraft aus der dauerhaften Organisation des Unternehmens zugeordnet, die sie auch während und über die Projektlaufzeit hinaus betreut.

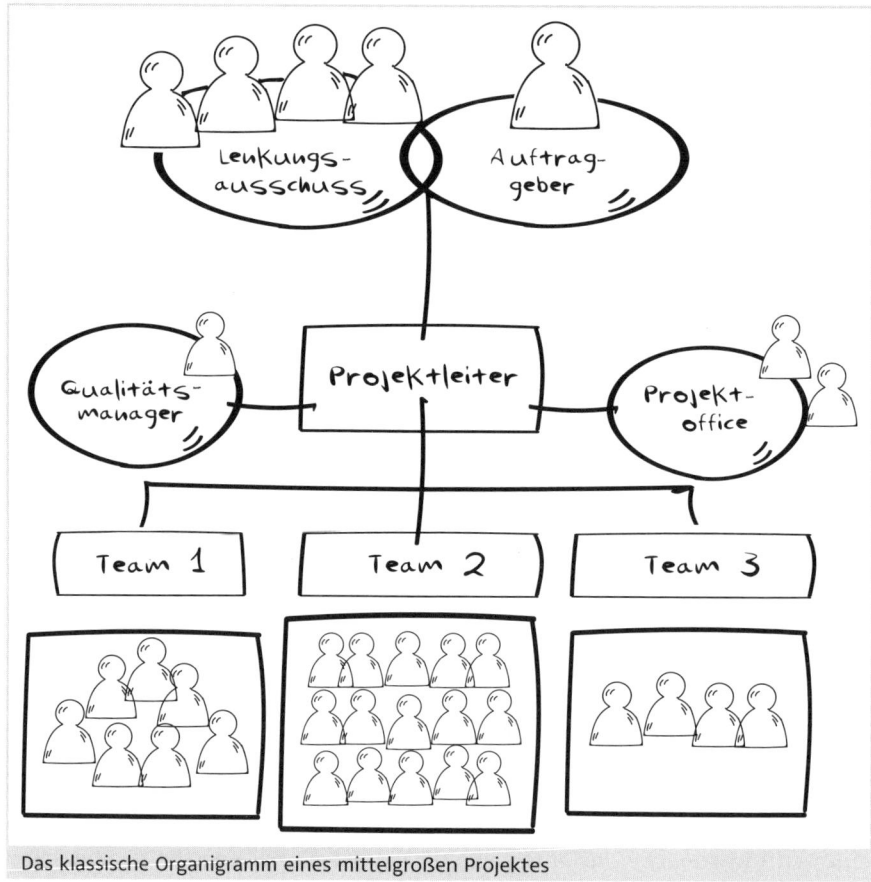

Das klassische Organigramm eines mittelgroßen Projektes

Organigramme sind eines der traditionellen Instrumente der Organisationslehre und in ihrem Nutzen nicht unumstritten. Kritisiert wird, dass ihr Informationsgehalt sich darauf beschränkt, die Namen und Titel von Managern zu zeigen. Sie informieren also darüber, wie jemand heißt und was er ist, nicht aber darüber, wer auch etwas kann und der richtige Ansprechpartner ist, um Probleme zu lösen. So verstanden sind sie ein archaisches Statussymbol für manche, aber kein taugliches Managementwerkzeug mehr in der heutigen Realität. Auch werden Mitarbeiter in Projekten mit der Zeit müde, sich in immer neuen Organigrammen zu suchen. Viel hilfreicher ist der Zugriff auf alte Netzwerke und soziale Trampelpfade und das damit verbundene Wissen, wer der richtige Ansprechpartner für ein konkretes Anliegen ist. Auch wenn dieses Vorgehen den formalen Berichts- und Entscheidungsweg komplett ignoriert, ist es meist doch effizienter und zielführender.

6 Organigramme

Tatsächlich ist es so, dass immer mehr Arbeit ausschließlich in Projekten stattfindet und traditionelle Hierarchien und statische Organisationsformen dadurch abgelöst werden. Es ist nicht mehr so wichtig, welchen Titel ein Mitarbeiter in seiner Stammorganisation trägt. Viel entscheidender ist, welche Rolle und Aufgabe er im nächsten Projekt haben wird. Klassische Unternehmensorganigramme werden dadurch zwar nicht irrelevant, rücken aber immer weiter in den Hintergrund.

Der Nutzen dieser Darstellungsmethode liegt aber nach wie vor darin, dass sie Strukturen von Zugehörigkeit und Kommunikation in Projekten einfach visualisieren können. Mit ein wenig Kreativität lässt sich das Organigramm mit praktischem Wert anreichern.

Im folgenden abgewandelten Organigramm ist dargestellt, wie die Zusammenarbeit im Projekt aus der Grafik oben wahrscheinlich tatsächlich aussieht. Das Projekt läuft durch die Hände verschiedener Teams, während gleichzeitig alle miteinander kommunizieren.

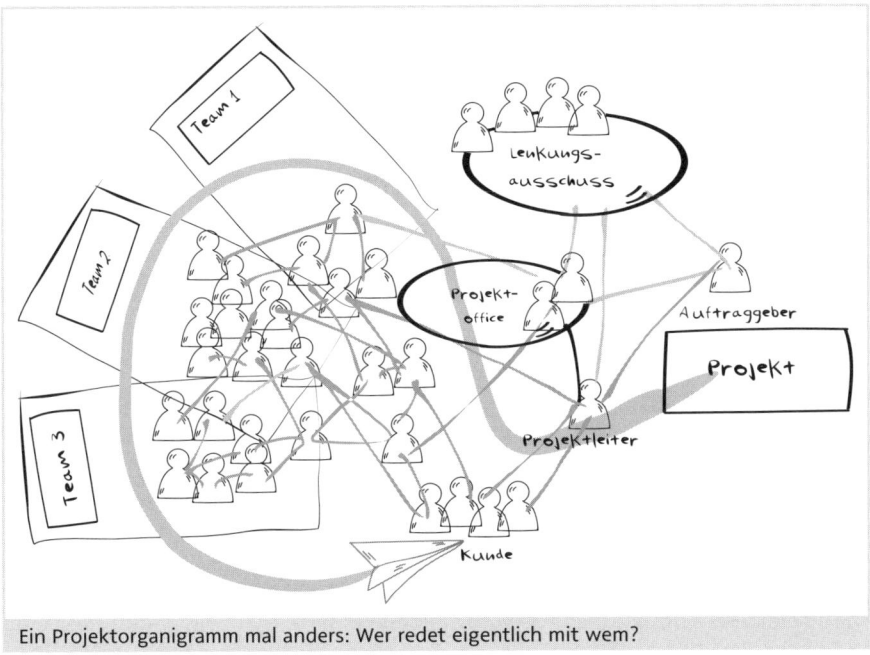

Ein Projektorganigramm mal anders: Wer redet eigentlich mit wem?

Alle bereits in der Grafik zuvor dargestellten Rollen finden sich hier wieder; die Projektmitarbeiter sind auch hier in drei Teams aufgeteilt. Der Unterschied: In diesem Organigramm wurden die Elemente ergänzt um die Kommunikationswege. Ungefähr so wird die Zusammenarbeit in diesem Projekt in der Realität laufen:

- Die Projektmitarbeiter kollaborieren über die Grenzen der Teams hinweg.
- Der Kunde ist direkt in Kontakt mit den Experten.
- Das Projektoffice bildet einen Knotenpunkt zwischen allen Beteiligten.
- Der Projektleiter hält den Kontakt mit dem Auftraggeber, dem Lenkungsausschuss und dem Kunden – vor allem hält er aber seinem Team den Rücken frei.
- Der Projektauftrag wurde von Auftraggeber und Projektleiter entwickelt und läuft auf seinem Weg durch die verschiedenen Fachgebiete hindurch, bis er schließlich beim Kunden ankommt. Das könnten z.B. Konzeption und Gestaltung, Umsetzung und Test bzw. Service sein.

Mit einem Organigramm dieser Art lassen sich mehrere Dinge kommunizieren:
- die fachliche Zugehörigkeit von Teammitgliedern;
- die Zuständigkeiten und Abhängigkeiten der Rollen untereinander;
- der Entstehungs- und Wertschöpfungsprozess des Projektes;
- die wichtigen Schnittstellen.

Es macht des Weiteren allen Beteiligten deutlich, dass ein Projekt ein lebendiges Teamplay sein muss. Bei dieser Art der grafischen Aufbereitung steht nicht mehr der Projektleiter im Mittelpunkt, sondern alle am Projekt beteiligten Menschen. Diese Sichtweise ist moderner als die hierarchische Botschaft des klassischen Organigramms. Sie muss allerdings auch in der Realität wirklich durchgängig gelebt und nicht nur im Organigramm zur Schau gestellt werden.

6.6 Techniken und Methoden für effiziente Teams

Es gibt Methoden, Techniken und Prinzipien im Projektmanagement, die dabei helfen können, die Arbeit im Projektteam effizienter zu gestalten.

6.6.1 Sit Together

Sit Together ist ein einfaches Prinzip: Das Projektteam sollte räumlich möglichst nah zusammen und nicht über verschiedene Gebäudeteile oder Standorte verstreut sein. Im Idealfall teilen sich alle ein Projektbüro, das eher eine große Arbeitsfläche ist als ein klassisches Büro mit vielen kleinen Räumen. Das ermöglicht kurze Wege in Abstimmungen. Whiteboards, Flipcharts und Tische für spontane Besprechungen fördern die direkte und persönliche Kommunikation und provozieren die Chance zu einem spontanen Einstieg in Problemlösungen oder Brainstormings.

Jeder technische Kanal, über den die Kommunikation zwischen zwei Menschen abgewickelt wird, reduziert unsere sinnlichen Wahrnehmungsmöglichkeiten. Sprechen wir nur über das Telefon, sehen wir unseren Gesprächspartner und dessen Gestik und Mimik nicht. Können wir den anderen nicht mit allen Sinnen wahrnehmen, erhöht das die Gefahr von Missverständnissen. Zwischen den Zeilen des Gesagten schwingt vieles mit, das durch Gestik, Mimik, Blickkontakte oder Sprachrhythmus codiert wird. Die Erfahrung lehrt, dass Telefon- und Videokonferenzen deswegen eben nicht jedes Meeting ersetzen können.

Das scheint ein Anachronismus zu sein, denn die Flexibilisierung von Arbeitszeiten und -orten ist ein Trend, der immer mehr um sich greift. Homeoffice und Desktop Sharing sind nicht mehr nur der Luxus von Freiberuflern, sondern auch in zunehmend mehr Unternehmen die Arbeitsform der Wahl. Dennoch kann es für Projektteams ein Booster in der Kreativität und Produktivität sein, wenn alle in einem Raum zusammensitzen, der Kommunikation und Kollaboration unterstützt.

Vor allem in Projekten, die internationalen oder zumindest überregionalen Bezug haben, sind nur selten alle Teammitglieder an einem Ort. In solchen Konstellationen werden Rituale wichtig, z.B. quartalsweise Team-Workshops oder auch nur ein einfacher Büro-Freitag, an dem das gesamte Team anwesend ist. Dazu braucht es keinen fixen Besprechungstermin; es reicht, wenn ein Tag bestimmt wird, an dem alle versuchen, anwesend zu sein. Der Rest ergibt sich von alleine.

6.6.2 Design Thinking

In den 1990er Jahren haben Forscher den Begriff »Design Thinking« geprägt. Sie versuchten zu ergründen, wie der Denkprozess von Kreativen abläuft. Regelmäßig müssen diese Berufsgruppen komplexe Probleme lösen und mit offenen Fragestellungen umgehen. Was ist ihr Know-how, wie gehen sie Herausforderungen an, wie nehmen sie ihre eigene Arbeit wahr und was tun sie eigentlich?

Diese Fragen sind allerdings nicht nur für Wissenschaftler interessant, sondern auch für Unternehmer und Berater, denn die Lösung von komplexen und intransparenten Problemen ist ja generell in der Wirtschaft eine große Herausforderung. In der Forschung ist man sich noch nicht einig, was Design Thinking eigentlich genau ist, und hat deshalb auch das Erfolgsgeheimnis dahinter noch nicht aufdecken können.

Dennoch hat sich Design Thinking zu einem Modethema der kreativen Branche, aber auch all der Wirtschaftsunternehmen entwickelt, die gerne ein wenig moderner und schneller wären.

Für den Einsatz in der Praxis werden verschiedene Interpretationen des Design-Thinking-Ansatzes propagiert. Im Kern ist es meistens ein iterativer Prozess mit vielen Trial-and-Error-Schleifen (siehe hierzu näher Kapitel 8.2). In dessen Mittelpunkt stehen der Nutzer und seine Bedürfnisse. Das Team soll interdisziplinär besetzt sein und anhand schneller Entwürfe und Prototypen am konkreten Beispiel diskutieren, ausprobieren und sich viel Feedback holen. Die Arbeit des Teams bewegt sich in seinem kreativen Prozess zwischen verschiedenen Bereichen:
1. Inspiration: das Problem oder die Motivation, die Grund für die Lösungssuche sind;
2. Ideation: das Finden, Entwickeln und Ausprobieren von Ideen;
3. Implementierung: das Umsetzen von Lösungen.

Dieser Prozess muss nicht linear laufen. Er wird häufiger zwischen den ersten beiden Bereichen schwingen, bevor eine Lösung in die Implementierung geht.

6.6.3 On-Site-Customer

Was gibt es besseres, als Fragen ohne Umwege und sofort klären zu können? Ist ein Vertreter des Kunden bzw. ein Nutzer des Projektergebnisses immer vor Ort für das Projektteam verfügbar, kann er Feedback ohne Verzögerung geben und Entscheidungen unmittelbar treffen. Der On-Site-Customer kann ein Traum, aber auch ein Albtraum sein. Seine Anwesenheit vor Ort ist hilfreich, wenn das Projektteam performant arbeitet und auf permanente Rückmeldungen angewiesen ist. Kommt das Projekt jedoch ins Stocken, wird der Vertreter des Kunden ungeduldig oder erweist er sich als ständiger Nörgler und Bedenkenträger, kann seine Anwesenheit auch plötzlich störend und hinderlich sein. Den Kunden direkt ins Projektteam einzubinden, ist jedenfalls mutig und modern. Dem Projektleiter muss bewusst sein, dass er dadurch große Transparenz schafft. Der Kunde bekommt live mit, wenn es zu Pannen im Projekt kommt und Fehler gemacht werden. Auch wenn sich Krisen anbahnen, ist er in der ersten Reihe dabei. Das Projektteam muss in der der Lage sein, den Kunden auch in schwierigen Projektphasen zu betreuen – einfach wegschicken geht leider nicht. Allerdings ist die Präsenz eines Vertreters des Kunden auch eine Chance in Projektkrisen: Entscheidungen können sehr schnell gefällt werden und, wenn der Kunde auch mit anpackt, lassen sich viele Probleme lösen, bevor sie zur Krise werden.

> **Beispiel**
>
> Die Marketingabteilung der Janssen & Janssen AG ist leider nicht groß genug, um auf Dauer einen Mitarbeiter vor Ort bei Piet und seinem Team einzusetzen. Jeden Mittwoch kommt aber immerhin ein Kollege in die Bürogemeinschaft des Freelancers. Er bespricht dort direkt mit den Entwicklern deren Ideen und gibt Feedback zu den Testversionen.
> Einige Missverständnisse konnten damit schon vermieden werden und die Entwickler haben mittlerweile dank des wöchentlichen Kontakts ein gutes Gefühl für die Anforderungen und Wünsche ihres Auftraggebers bekommen.

6.6.4 Pair Programming

Pair Programming ist eine Methode, die ursprünglich aus der Softwareentwicklung stammt. Sie ist für Aufgaben geeignet, die hohe Präzision erfordern. Bei der Entwicklung von Softwarelösungen funktioniert sie wie folgt:

Der Programmcode wird von zwei Programmieren gemeinsam bearbeitet, wobei der sog. Driver den Code schreibt und der sog. Navigator gleichzeitig mitliest und weiterdenkt. Trotz der Konzentration auf Detailaufgaben kann das Zweierteam so besser Zusammenhänge und Auswirkungen im Auge behalten. Der Navigator kann Fehler sofort erkennen und damit vermeiden, dass sie erst später aufwendig gesucht und beseitigt werden müssen. Sind Driver und Navigator gleich qualifiziert, sollten sie regelmäßig die Aufgaben tauschen, um Ermüdung vorzubeugen. Pair Programming kann die Effizienz steigern und die Fehlerquote senken. Gleichzeitig ist diese Arbeitsweise aber sehr intensiv. Sie kann also auf Dauer anstrengend werden, denn die Kollegen halten sich ständig gegenseitig am Ball und verhindern dadurch gedankliches Abschweifen. Pausen und Entspannungsphasen müssen eingeplant werden, um die Leistungsfähigkeit aufrechtzuerhalten.

> **Beispiel**
>
> Bei den Broschüren für die Aktionärsversammlung der Janssen & Janssen AG darf sich kein Fehler einschleichen. Einmal ist das schon passiert und es hätte den Geschäftsführer fast seinen Job gekostet, denn der Umsatz des Unternehmens war plötzlich um das Zehnfache niedriger als im Vorjahr. Eine vergessene Null im Satz war die Ursache. Seitdem werden alle Dokumente dieser Art immer von zwei Kollegen gleichzeigt gestaltet. Einer layoutet bzw. textet, der zweite behält den Überblick und prüft ständig kritisch mit. Jede Stunde tauschen sie die Rollen, um nicht zu ermüden. Das Vorgehen ist anstrengend, hilft aber dabei, Fehler zu vermeiden.

6.6.5 Informative Workspace

Wird der Arbeitsraum des Teams mit vielen auf den ersten Blick sichtbaren Informationen gestaltet, spricht man von Informative Workspace. Dabei werden z. B. alle relevanten Pläne und Darstellungen zum Projekt an den Wänden aufgehängt. Ziel ist eine möglichst umfassende Visualisierung. Wichtige Informationen sind dank dieser Methode immer sichtbar und müssen nicht erst mühsam auf einer Festplatte gesucht werden. Sie können sich auf den Projektgegenstand beziehen, z. B. Skizzen, Muster oder Styleguides, aber auch auf das Projektmanagement, wo ein Zeitplan (siehe Kapitel 10) und der PSP (siehe Kapitel 8.1) eine schnelle Orientierung geben. Durch die parallele Visualisierung verschiedener Informationen können Abhängigkeiten und Muster schnell erkannt werden. So wird das vernetzte Denken unterstützt.

6.6.6 Root-Cause-Analysen und Retrospektiven

Root-Cause-Analysen und Retrospektiven stammen aus dem Qualitätsmanagement. Sie können auch auf Projekte angewendet werden. Es geht dabei darum, Fehlerursachen und Optimierungspotenzial im (Arbeits-)Prozess des Projektteams zu suchen und die eigene Vorgehensweise kritisch zu reflektieren und zu optimieren. Anlass dafür können konkrete Fehler sein: Passieren dem Projektteam Fehler, sollten die Ursachen und Wurzeln des Fehlers (sog. Root Causes) analysiert und für die Zukunft vermieden werden. Aber auch wenn sich keine konkreten Fehler ereignen, kann dennoch regelmäßig nach Verbesserungspotenzial gesucht werden. Nur weil nichts schiefgeht, heißt das noch nicht, dass alles optimal läuft. Hierbei helfen Retrospektiven, bei denen turnusmäßig geprüft wird, was verbessert werden kann.

> **Tipp: Fehlersuche mit der 5-W-Methode**
>
> Bei der Fehlersuche kann die 5-W Methode helfen. Die Kombination 5-W steht für 5 Mal Warum. Das Prinzip ist einfach und erinnert an die Nachfragen eines neugierigen Kindes: Es wird solange »Warum« gefragt, bis die Ursache eines Fehlers gefunden ist.
> Ein Beispiel:
> - Warum haben wir die Frist versäumt? Weil sie nicht im Kalender stand.
> - Warum stand sie nicht im Kalender? Weil sich niemand verantwortlich gefühlt hat, sie dort einzutragen.
> - Warum hat sich niemand verantwortlich gefühlt? Weil wir im Team noch nie über Verantwortlichkeiten und Rollenverständnis gesprochen haben.

Hier ist schon nach drei W-Fragen eine Ursache gefunden, die mit einem einfachen Workshop des Teams für die Zukunft vermeidbar ist. In anderen Fällen sind die Ursachen etwas tiefer verborgen. Es braucht dann mehr als nur drei oder vier Fragen. Bei der Suche nach Fehlerursachen darf es nie darum gehen, einen Schuldigen zu finden. Im Beispiel hier ist nicht der Kollege, der den Kalendereintrag vergessen hat, das Problem. Viel wichtiger ist es, hinter einem persönlichen Versäumnis die – meist organisatorischen – Ursachen zu identifizieren, die den Fehler erst ermöglicht haben.

6.6.7 Six Thinking Hats

Six Thinking Hats ist eine Methode, die in Diskussionen angewendet werden kann. Projektteams kommen immer wieder in Besprechungen an Punkte, wo Lösungen und neue Ideen gefunden oder Handlungsvarianten bewertet werden müssen. Solche Sitzungen können anstrengend sein und sich ewig im Kreis drehen. Für diese Situationen hat der britische Mediziner und Psychologe Edward de Bono das Modell der Six Thinking Hats entwickelt. Es beschreibt sechs Betrachtungswinkel, unter denen ein Problem gesehen werden kann. Symbolisiert sind sie durch farbige Hüte, die man zur Visualisierung der jeweiligen Position (imaginär) aufsetzen kann. In einer Diskussion sollen die Teilnehmer bewusst alle diese Blickwinkel einnehmen, durchaus auch abwechselnd, um das Thema in all seinen Facetten zu analysieren. Der Moderator einer Besprechung kann entweder ganz pragmatisch jedem Teilnehmer eine Sichtweise zuordnen, unter der dieser das Problem darstellen soll, oder die Gruppe beleuchtet schrittweise gemeinsam alle Betrachtungspunkte. Diese Methode kann helfen, neue Sichtweisen auf ein Problem zu finden und so der Lösung deutlich näher zu kommen.

Farbe des Hutes	Perspektive	Hilfreiche Fragen
Weiß	Fakten	Welche Fakten liegen vor; welche werden noch benötigt?
Gelb	Optimistisches Denken	Was sind die positiven Aspekte?
Schwarz	Pessimistisches Denken	Was sind die Risiken und Nachteile? Warum wird etwas nicht funktionieren?
Rot	Emotionen	Welche Gefühle und Meinungen gibt es dazu? Was sagt die Intuition?
Grün	Kreativität	Welche Alternativen und neue Ideen gibt es?
Blau	Prozess und Fortschritt	Sind wir auf dem richtigen Weg? Kommen alle Aspekte zu Wort? Was ist das Big Picture?

Ob man diese Methode nun mit echten oder imaginären Hüten, mit entsprechenden Farbkarten, oder freestyle und improvisiert anwendet, spielt keine Rolle. Wichtig ist, dass die Themen unter allen Gesichtspunkten gesehen werden. Der blaue Hut hat dabei die wichtige Aufgabe, die Diskussion zu reflektieren und darauf zu achten, dass kein Betrachtungswinkel überhandnimmt. Der schwarze Hut, das pessimistische Denken, kann nämlich leicht zum kräftigsten Standpunkt werden. Deshalb sollte er mit Bedacht »aufgesetzt« werden. Er darf nicht alle anderen Sichtweisen überlagern. Auch deshalb ist es wichtig, dass die Teilnehmer regelmäßig während der Diskussion »ihre Hüte tauschen«.

6.6.8 Groupthink verhindern

Wie konnten wir nur so dumm sein? Eine typische Frage am Morgen nach einem großen Fehlschlag. Es ist ein Moment plötzlicher Klarheit, wenn der Vorhang sich hebt und das grelle Licht der Erkenntnis auf die Entscheidungen der letzten Stunden, Wochen, Monate fällt. Vor uns ein Scherbenhaufen, hinter uns verpasste Optionen und Warnsignale ohne Ende. Warum nur haben wir das nicht vorhergesehen!? Was ist nur falsch gelaufen? Wir hatten doch die Besten an Bord, waren ein Dreamteam, eine eingeschworene Truppe. So manches Vorhaben endet im Fiasko, obwohl das beste Team daran gearbeitet hat. Oder vielleicht genau deswegen?

Groupthink ist ein Phänomen, das auftreten kann, wenn Teams zu intensiv miteinander arbeiten und dabei den Blick für die Realität verlieren. Zweifel und Reflexion der Vorgehensweise werden dann langsam aufgefressen von einem Gefühl der Loyalität und von eigenen Gruppennormen. Je weiter das Zusammengehörigkeitsgefühl und der Korpsgeist in der Gruppe steigen, desto eher tendieren die Teammitglieder dazu, kritische Gedanken unbewusst zu unterdrücken. Das fatale Gruppendenken setzt ein: Warnsignale von außen werden ignoriert oder als lächerlich abgetan; die eigene Weltsicht wird nicht mehr angezweifelt und die Perspektiven anderer Stakeholder werden missachtet. Das Wirgefühl der Gruppe steigt ins Schwindelerregende. Die Diskussionen in der Gruppe verlieren an Vielfalt; es werden nur noch wenige Handlungsvarianten betrachtet. Schließlich wird der eingeschlagene Kurs nicht mehr überprüft, sondern nur noch gerechtfertigt. Feedback und Meinungen von externen Experten will niemand mehr hören.

Das Phänomen des Groupthink wurde ursprünglich erforscht an illustren Beispielen großer militärischer Fehlplanungen und -entscheidungen, so z.B. der Invasion der Schweinebucht, Pearl Harbour oder dem Koreakrieg. Diese

Entscheidungsprozesse waren gut dokumentiert und zeigten ein universelles Muster der Gefahren, die entstehen, wenn Teams sich ihrer Sache zu sicher werden. In die Falle können auch Projektteams tappen. Sie ist eine Form des roten Drehzahlbereichs, in den ein Team laufen kann, wenn die Sache mit dem Teambuilding zu gut funktioniert hat und sich verselbstständigt. Auf einmal wenden sich dann die guten Eigenschaften eines Teams ins Negative. Um das zu verhindern, können ein paar simple Ansätze helfen:

- Mit Wachsamkeit für die Warnsignale des Groupthink sollte der Projektleiter sein Team beobachten – keine leichte Aufgabe, denn er ist ja selber Teil des Teams. Helfen kann die Supervision durch einen Außenstehenden. Dazu reicht oft schon ein erfahrener Kollege, der kritische Fragen stellt und nicht Teil des Teams ist.
- Im Team muss kritisches Denken stattfinden und gefördert werden. Das Modell der Six Thinking Hats (siehe hierzu das Kapitel 6.6.7) ist ein Beispiel, wie das in Meetings gezielt gesteuert werden kann. Kritische Positionen müssen wertgeschätzt und dürfen nicht bestraft werden.
- Vorgehensweisen und Entscheidungen sollten regelmäßig überprüft werden. Das kann anhand selbst erstellter Kriterien intern passieren. Noch besser ist ein Check durch externe und unbefangene Experten. Diese Funktion kann auch ein Lenkungsausschuss übernehmen (siehe hierzu das Kapitel 2.8.1).
- Auch Feedback von Stakeholdern und auch gänzlich Unbeteiligten hilft, blinde Flecken zu vermeiden. »Sind wir auf Kurs?«, und: »Was übersehen wir?«, sind Fragen, die von einer gewissen Entfernung aus besser zu beurteilen sind.
- Die Annahmen und Voraussetzungen, auf denen Entscheidungen und Planungen beruhen, sollten mitgeschrieben und regelmäßig überprüft werden. Ändert sich eine Annahme und stellt sie sich vielleicht als falsch oder zu optimistisch heraus, müssen die darauf aufbauenden Pläne und Konzepte angepasst werden. Nur das saubere Dokumentieren von Annahmen verhindert, dass sie sukzessive angepasst und unbewusst beschönigt werden.
- Es darf für die Gruppe keine Schande sein, Entscheidungen zu revidieren. Stellt sich eine Situation in neuem Licht dar und ist noch Zeit, eine falsche Entscheidung zu ändern, dann sollte das mutig geschehen. Es ist viel besser, einen Fehler früh zu korrigieren, als ihn über die Projektlaufzeit durchzuziehen und sich hinterher darüber zu ärgern. Eine gute Fehlerkultur verhindert auch, dass sich das Team irgendwann Scheuklappen aufsetzt, weil offensichtliche Fehlentscheidungen nicht zugegeben oder angesprochen werden dürfen.

7 Kommunikation

Jedes Projekt steht und fällt mit der Kommunikation. Ohne funktioniert es nicht: reden, schreiben, diskutieren, Präsenz zeigen, zuhören, verstehen, Pläne malen, Sichtweisen vorschlagen, Optionen erörtern, Meinungen und Gefühle abfragen, Fortschritte berichten, Probleme erklären, Entscheidungen einfordern – nur wenn die Kommunikation untereinander klappt, kann das Projekt ein Erfolg werden.

In Projekten werden tagtäglich Tausende Informationen über unzählige Kanäle ausgetauscht. Bei so viel Traffic kann Kommunikation auch zum Problem werden: Wer wird wann informiert, wer darf nicht vergessen werden und wer nicht übervorteilt? Wie soll mit so vielen Menschen kommuniziert werden, wo der Tag doch nur 24 Stunden hat? Erschwerend kommen persönliche Vorlieben hinzu. Es gibt immer Stakeholder, mit denen der Kontakt leichtfällt und Spaß macht, während ein Anruf bei anderen große Überwindung kostet.

Für ein professionelles Projektmanagement ist es wichtig, auch in der Kommunikation grundlegende Strukturen einzuziehen. Schon mit wenig Aufwand kann eine grobe Ordnung erstellt werden, an der alle Kommunikationsmaßnahmen ausgerichtet werden können.

7.1 Kommunikationsplan

Der Kommunikationsplan ist solch ein Instrument, um Strukturen zu schaffen. In seinem Aufbau ist er eine simple Matrix: Auf der einen Achse werden einzelne Stakeholder oder ganze Stakeholdergruppen (siehe hierzu das Kapitel 5.2) aufgelistet, auf der zweiten Achse die Kommunikationskanäle. So kann für eine große Zahl von Stakeholdern festgelegt werden, wer über welchen Kanal und welches Medium mit dem Projekt kommuniziert und in welcher Frequenz.

> **Beispiel**
> Nicht jeder Stakeholder soll wöchentlich einen Projektbericht gemailt bekommen. Manche Gruppen lassen sich nicht in einem Gremium einbinden, müssen aber bei Infoveranstaltungen bedacht werden.

Kommunikation

	Meeting mit PL	Projektreport	Newsletter	Lenkungsausschuss	Info-Veranstaltung	Einladung als Testkunde
Auftraggeber	1x monatlich	✓	✓	✓		
Stakeholder 1	bei Bedarf	✓		✓		
Stakeholder 2			✓		✓	✓
Stakeholder 3			✓	✓	✓	

Kommunikationsplan eines Projektes für seine Stakeholder

	Besprechung mit PL	Kernteam-Meeting	Teambesprechung	Lenkungsausschuss	Abteilungsleiterrunde
Projektleiter		✓		✓	✓
PO	Montag 10h	✓		(✓)	
Teamleiter	Mittwoch 14-15h	✓	✓		
Team			✓		

Interner Kommunikationsplan für ein Projektteam

7.2 Meetings

Schon alleine im Projektteam selber wird ein Großteil der Arbeitszeit für Besprechungen aufgewendet. Die Potenz von Meetings als Zeitfresser wird jedem deutlich, der in einem Besprechungsraum die Zahl der Anwesenden mit der Meetingdauer multipliziert. Acht Menschen in einem Meeting ergeben pro Stunde einen ganzen Personentag. Es macht daher wenig Sinn, wenn ein Projektleiter bei den Tätigkeiten seiner Mitarbeiter akribisch auf Stunden achtet, in seinen Meetings aber Arbeitszeit in Massen wie Sand durch die Hände rinnen lässt.

7.2.1 Grundsätze für effiziente Meetings

Dabei sind es nur wenige Grundsätze, die in Meetings beachtet werden müssen, um sie effizient zu halten.

Meeting-Grundsätze

- Jedes Meeting hat bestimmte Themen, die vom Einladenden mit ausreichend Vorlauf in einer Agenda mitgeteilt werden. So können sich die Teilnehmer darauf vorbereiten.
- Es gibt einen Moderator; normalerweise ist das der Einladende.
- Das Meeting startet pünktlich und endet nicht später als geplant – im Idealfall aber früher, weil alles Wichtige besprochen wurde.
- Es werden nur Dinge besprochen, die alle Teilnehmer betreffen. Diese Regel ist ganz wichtig, um Zeitverlust zu vermeiden. Partikulardiskussionen werden rigoros ausgelagert, z.B. per To-do: »Die Kollegen X, Y und Z besprechen den Punkt a und werden beim nächsten Meeting / per E-Mail über das Ergebnis informieren.«
- Klar sollte sein, dass Laptops geschlossen bleiben und Telefone stumm. Wer in einem Meeting E-Mails beantworten kann, ist entweder im falschen Meeting, oder gelangweilt. Letzteres ist übrigens ein Indiz dafür, dass der Moderator dringend zurück zur Agenda kommen und Nebendiskussionen auslagern sollte.
- Am Ende jedes Diskussionspunktes steht ein Ergebnis, z.B. eine Entscheidung oder ein To-do, idealerweise so formuliert, dass jeder weiß, wer was bis wann erledigen muss.
- Schließlich werden die Ergebnisse, zumindest aber die To-Dos, schriftlich dokumentiert und an alle Teilnehmer verschickt.

Der wichtigste Faktor für gute Meetings aber ist eine Disziplin aller Teilnehmenden, die aus dem Respekt vor der Arbeits- und Lebenszeit der anderen herrührt. Daraus lassen sich denn auch die meisten oben dargestellten

Meeting-Regeln ableiten: Pünktlichkeit, beim Thema bleiben, Abschweifungen vermeiden und den Worten auch Taten folgen lassen.

Zeit ist Geld – in Meetings gilt dieses Bonmot in besonderem Maße. Ein stringenter Kommunikationsplan innerhalb des Projektes hilft dabei, den Aufwand zu planen und sichtbar zu machen, der in Meetings fließt (siehe hierzu das Kapitel 7.1).

7.2.2 Stand-up-Meetings

Eine hervorragende Methode, um Meetings zu beschleunigen, ist, sie im Stehen abzuhalten. Das hält die Aufmerksamkeit hoch und die Meetingdauer gering. Im Stehen kann niemand vor sich hin dösen oder sich hinter einem Laptop verstecken und auf dem Smartphone lässt es sich auch nicht unauffällig spielen.

In vielen agilen Projekten gehört ein tägliches Stand-up-Meeting zu den wichtigen Koordinations- und Steuerungsmethoden. Jeden Morgen trifft sich das Team und berichtet reihum, wie der Stand der Arbeit ist. Der Bericht orientiert sich häufig an einer sog. Kanban-Tafel (siehe hierzu das Kapitel 8.5) in drei Schritten:
- Was habe ich gestern erledigt?
- Was steht heute an?
- Welche Hindernisse sind mir im Weg?

Insgesamt dauert ein Stand-up-Meeting nur etwa 5 bis maximal 15 Minuten. Detaildiskussionen und Arbeitstreffen werden strikt auf die Zeit nach dem Meeting vertagt.

Wenn dieses Meeting täglich stattfindet, wird es zur Routine, die aber bei aller Gewohnheit dynamisch bleibt. Im Idealfall erübrigen sich dadurch die wöchentlichen stundenlangen Statusmeetings.

7.3 Kommunikationsmittel

Projekten steht eine große Menge an Kommunikationsmitteln und -kanälen zur Verfügung. Alle bringen Vor- und Nachteile mit sich.

Kommunikationsmittel	Was steckt dahinter?
Einzelgespräche	Einzelgespräche sind die intensivste und direkteste Form von Kommunikation. Allerdings sind sie zeitintensiv. Zu dem eigentlichen Gespräch kommen Vor- und Nachbereitung sowie die An- und Abreisezeit zu dem Termin hinzu. Das muss berücksichtigt werden, wenn z. B. mit Stakeholdern regelmäßige Einzelgespräche eingeplant werden. Aber natürlich ist Projektmanagement ein »People Business« und das persönliche Gespräch mit Stakeholdern ist der Königsweg.
Anlassbezogene Workshops oder Meetings mit mehreren Teilnehmern	Diese Zusammenkünfte sind eine effiziente Form der Abstimmung und Entscheidungsfindung, aber nur, wenn sie richtig vorbereitet und moderiert werden. Wenn nicht, sind Meetings und Workshops eine überragend wirksame Form der Zeitvernichtung. Auch hier darf der Aufwand für Vor- und Nachbereitung nicht vergessen werden.
Regelmäßige Jour fixe oder Gremiensitzungen	Regelmäßige Sitzungen sind ein klassisches Instrument der Kommunikation in Projekten. Üblich sind z. B. Team-Jour-fixe, Sitzungen des Lenkungsausschusses oder regelmäßige Veranstaltungen mit Stakeholdern. Alle diese Termine sind meist lange im Voraus festgelegt und daher gut planbar. Mit guter Vorbereitung kann man hier glänzen und auf eine smarte Art die Führung übernehmen.
Großgruppenformate, z. B. Infoveranstaltungen, Bühnenevents	Wenn viele Menschen erreicht werden sollen, scheiden »kleine« Workshop-Formate aus. Für die Gestaltung und Moderation von Großgruppenevents gibt es Spezialisten. Man sollte sie hinzuziehen, wenn man so etwas nicht selber gelernt bzw. bereits öfter organisiert und moderiert hat. Von 200 Teilnehmern ausgebuht zu werden oder auch nur vor 50 Kollegen den Faden zu verlieren und das Projekt zu blamieren, sind Erfahrungen, auf die Sie getrost verzichten können.
Projektberichte	Berichte sind eine zwar oft lästige, aber eine sehr effiziente Form, über das Projekt zu informieren. Der Projektbericht enthält Informationen zum Zeit-, Kosten- und Fertigstellungsstatus des Projektes. Er gibt Auskunft über Risiken und Entscheidungsbedarf. Wird er regelmäßig erstellt, ist er eine gute Dokumentation des Projektfortschritts.
Newsletter	Newsletter sind eine verkannte Bestie für Projekte. Schnell ist in der Kick-off-Euphorie die Idee geboren, einen regelmäßigen Projektnewsletter zu verschicken. Wen interessiert es? Der Flurfunk ist immer schneller als ein Newsletter. Und wer macht es? Wenn die Zeit im Projekt knapp wird, schreibt niemand mehr Artikel. Und kommt dann der Newsletter-Rhythmus ins Stocken, erkennen spätestens jetzt auch alle externen Stakeholder, dass es Stress im Projekt gibt. Deswegen: Überlegen Sie es sich gut, ob ein Newsletter lohnt. Einmal angefangen muss er regelmäßig kommen. Dafür braucht es Inhalte und das Personal muss eingeplant sein.

Kommunikationsmittel	Was steckt dahinter?
FAQ und Wissensdatenbanken	In Projekten mit vielen Stakeholdern kann es sein, dass dieselben Fragen immer wieder beantwortet werden müssen. Hier können Frequently Asked Questions (FAQ) auf einer Homepage weiterhelfen. Im Prinzip ähnlich funktionieren Wiki-Systeme, die das Projektteam für sich selber anlegen kann, um Informationen so zu sichern, dass sie für alle verfügbar sind. Als Regel kann gelten: Wenn eine Frage zum zweiten Mal gestellt wird, kommt sie in die FAQ-Liste für Stakeholder, wenn eine Information zum zweiten Mal recherchiert wird, kommt sie in das Projekt-Wiki. Schlau ist es, wichtige Themen vorausschauend oder nach der ersten Nachfrage einzustellen.
Projekthomepages, Blogs	Heute ist es dank einfach zu bedienender Blog-Software kein Hexenwerk mehr, eine eigene Website für ein Projekt zu erstellen. Dort können ganz einfach News und Beiträge eingestellt werden. Kombiniert mit Fotos des Teams oder mit ersten Arbeitsergebnissen kann dem Projekt so eine persönliche Note gegeben werden. Im Vergleich zu Newslettern ist hier der Zwang, regelmäßig zu liefern, geringer.
Presseberichte	Ob öffentliche Medien relevant sind (oder anders herum), hängt natürlich stark vom Projekt ab. Wenn ja, dann sollten Sie Medienprofis einschalten.
Merchandising-Artikel, Flyer, Plakate	Nichts spricht dagegen, ein Projekt zu vermarkten wie ein Produkt. Es kann einen eigenen Namen haben, ein eigenes Logo, und wenn beides gut ist, dann können auch Tassen, T-Shirts und Plakate produziert werden. Das stärkt die Identifikation und Bindung des Projektteams zu seinem Projekt. Auch die Wahrnehmung der Stakeholder kann damit positiv beeinflusst werden.

Zwischen all den Kommunikationsmaßnahmen schwingt ein werblicher Aspekt. Tatsächlich gehört das **Projektmarketing** zu den Aufgaben eines Projektleiters. Das Projekt soll in den Augen der Stakeholder gut aussehen. Damit kann Widerständen und Zweifeln entgegengewirkt werden. Sicherlich hat ein Projekt, das nichts zu verbergen hat und gut läuft, so etwas gar nicht nötig – aber schaden kann es dennoch nicht.

8 Leistungsumfang und Ergebnis

Am Anfang eines jeden Projektes steht eine Idee, eine Vision oder ein Wunsch. An seinem Ende sollen Ergebnisse vorliegen, die sog. Liefergegenstände. Dazwischen jongliert der Projektleiter mit den Instrumenten des Projektmanagements:
- aus Ideen werden Konzepte,
- Konzepten folgen Strukturen und Arbeitspakete,
- Arbeitspakete produzieren Liefergegenstände.

Und wenn alle Liefergegenstände erstellt sind, sollten das Ergebnis des Projektes komplett und dessen Ziele erreicht sein. So ist jedes Projekt in seinem Kern ein Prozess der Leistungserbringung: von einer abstrakten Vorstellung zu einem konkreten Resultat.

Weil sowohl die Zeit als auch die Ressourcen in Projekten begrenzt sind, ist die Planung des Leistungsumfangs besonders wichtig. Es muss genau überlegt werden, welche Tätigkeiten durchgeführt werden müssen und können, um zu dem Ergebnis zu kommen, das dem Auftraggeber zugesichert wurde.

Es gibt Projekte, in denen das eine reine Fleißaufgabe ist. Wenn von Anfang an klar ist, wie das Ergebnis aussehen soll, es keine technischen Unwägbarkeiten gibt und der gestalterische Anteil gering ist, dann kann noch vor Projektbeginn ein Leistungsverzeichnis erstellt und bis ins Detail definiert werden. Der kreative Raum während der Projektausführung ist minimal und Überraschungen sind in solchen Projekten nicht gern gesehen (siehe hierzu auch Kapitel 2.4).

Es gibt aber auch Projekte, in denen es lange Zeit offenbleibt, welche Tätigkeiten genau anfallen. Wenn sich das Umfeld eines Projektes schnell verändert oder sich die Anforderungen der Kunden auf Basis der ersten Liefergegenstände weiterentwickeln, dann braucht das Projektmanagement Spielraum und kann sich nicht schon zu Beginn bis ins Detail festlegen. Das ist insbesondere der Fall, wenn am Anfang bloß ein Problem oder eine Vision steht und es Aufgabe des Projektes ist, eine Lösung und Wege zur Realisierung zu finden.

Projekte in Forschung, Entwicklung und Kreation müssen mit einem **Dilemma der Zielunschärfe** leben: Am Anfang ist die Gestaltungsfreiheit groß, aber die Klarheit über Ziele und Lösungen gering. Je weiter das Projekt fortschreitet, desto klarer werden die Ziele und die Wege dahin. Allerdings nehmen parallel dazu die Gestaltungsfreiheit und der Raum zu Manövrieren mit jedem Tag ab, denn Restzeit und Budget schrumpfen und die in der Vergangenheit getroffenen Entscheidungen bestimmen die nächsten Schritte. Was kann also getan werden, um Wege aus diesem Dilemma zu finden?

Die Leistungsplanung schafft Abhilfe. **Sie wirkt in zwei Richtungen:** Zum einen kann sie **Strukturen schaffen** und Ordnung in unübersichtliche Felder bringen. Ohne dass sie bereits ins Detail geht, kann sie frühzeitig Handlungsfelder definieren, z. B. eine Kampagne in Text, Bild, Print, Online und Logistik einteilen. Ist diese übergeordnete Struktur erst einmal auf Papier skizziert, wirkt sie zwar vielleicht noch trivial auf den Betrachter. Gleichzeitig beginnen sich die Gedanken doch an den einzelnen Punkten zu verfangen. Jetzt kann die Leistungsplanung vertikal **ins Detail**, also in die Tiefe, gehen. Ebene für Ebene kann weiter durchdacht und präzisiert werden, bis ein Level erreicht ist, auf dem konkrete Arbeitspakete formuliert werden können. Wenn Projektleiter »auf Sicht fahren«, dann bedeutet das, dass sie die Oberstruktur ausgearbeitet haben wie eine Landkarte, aber die Details immer nur soweit im Voraus ausarbeiten, wie das möglich und notwendig ist.

In diesem Kapitel werden zwei Ansätze für die Leistungsplanung vorgestellt, die sich gegenseitig ergänzen können:
- Der **Projektstrukturplan** (PSP) ist ein klassisches Instrument des Projektmanagements, das seinem Namen getreu ein Projekt sehr strukturiert und vollständig erfasst.
- Die Ansätze der **iterativen und der inkrementellen Planung** sind in der Softwareentwicklung populär geworden. Beiden ist gemeinsam, dass sie sich dem Projektergebnis in Schritten annähern, die überschaubar sind. Das kann ein weiteres Stück des Liefergegenstandes sein oder auch nur die nächsten 14 Tage auf der Zeitachse. Kombiniert sind die beiden Ansätze schlagkräftig auch für Projekte mit großer Unklarheit.

8.1 Der Projektstrukturplan

Der Projektstrukturplan (PSP) ist ein zentrales Ordnungs- und Planungswerkzeug für Projekte. Er bildet den kompletten Leistungsgegenstand in einer hierarchisch strukturierten Form und über mehrere Ebenen ab. So zeigt ein PSP alle Liefergegenstände und auch alles, was getan werden muss, um sie zu erstellen. Die unterste Ebene eines PSP bilden die Arbeitspakete.

Bei der Erstellung eines PSP gibt es zwei Vorgehensweisen.
- **Variante 1:** Es wird auf hoher Ebene begonnen und von dort aus der Leistungsumfang immer weiter detailliert und zerlegt. Bei diesem **Top-down-Ansatz,** auch **deduktiver Ansatz** genannt, werden aus einem Oberpunkt

immer weitere Unterpunkte abgeleitet. So könnten z. B. ein Flyer der Oberpunkt sein und dessen Vorder- und Rückseite jeweils Unterpunkte.
- **Variante 2:** Eine andere Vorgehensweise ist der **Bottom-up-Ansatz**, bei dem in einem Brainstorming Themen und Aufgaben gesammelt werden und dann solange Gruppen und Untergruppen zugeordnet werden, bis sich ein komplettes Bild ergibt. Dieses **induktive Vorgehen** macht Sinn, wenn ein Projektteam zu Beginn noch überhaupt keine Vorstellung davon hat, was denn alles in den Leistungsumfang gehören könnte und was nicht. Der Ansatz birgt allerdings gleichzeitig die große Gefahr, dass wichtige Teile einfach vergessen werden, weil niemand im Brainstorming auf die Idee kam, sie zu berücksichtigen.

Verfügt ein Projektleiter bzw. sein Team bereits über Projekterfahrung im relevanten Fachgebiet, ist die deduktive Erstellung oft sehr effizient und zeitsparend. Wenn z. B. eine Homepage zu erstellen ist, wird dazu immer ein Frontend, ein Backendsystem, das Hosting und der Content benötigt. Die erste Grobstruktur eines PSP kann damit flott skizziert werden.

Um einen PSP in seinen Ebenen zu strukturieren und in seiner Tiefe weiter zu detaillieren, gibt es grundsätzlich drei Varianten: die Zerlegung nach Objekten, nach Funktionen und nach Phasen. Welche dieser Möglichkeiten angewendet wird, ist immer abhängig vom konkreten Projektbestandteil, der aufgeschlüsselt werden soll. Es ist deshalb üblich, dass auf verschiedenen Ebenen in einem PSP nach wechselnden Varianten zerlegt wird.
- Bei der Zerlegung **nach Objekten** wird der Leistungsumfang als Ausgangsbasis verwendet und schlicht die Frage gestellt: Aus welchen Teilen besteht das Projekt bzw. der vorliegende Teil?
- Die Zerlegung **nach Funktionen** bezieht sich auf die Tätigkeiten, die im Projekt anfallen, z.B. Planung, Produktion, Verkauf. Das ist häufig den beteiligten Fähigkeiten im Team oder den Abteilungen in einer Firma ähnlich.
- Die Zerlegung **nach Phasen** fokussiert sich auf das Vorgehen bei der Leistungserstellung, z.B. Analyse, Design, Implementierung und Test. Das wird häufig in Softwareprojekten so gemacht. Achtung: Phasen werden hier nicht zeitlich gesehen, sondern rein inhaltlich.
- In der Praxis sind die meisten Projektstrukturpläne **gemischt-orientiert**, also eine Kombination aus den verschiedenen Strukturierungsarten. Ein Element »Projektmanagement« sollte sich immer auf der ersten Ebene eines PSP finden, unabhängig von der sonstigen Gliederung. Dort werden alle übergeordneten Tätigkeiten, wie z.B. Planung und Besprechungen, subsumiert.

Die **Zerlegung im PSP hört dort auf**, wo ein Arbeitspaket erreicht ist, das einer Person oder Organisationseinheit delegiert werden kann. Das können sehr kleine und detaillierte Aufgaben sein, aber auch ein großer Unterauftrag an einen externen Zulieferer. An dieser Stelle hat der PSP seinen Zweck erfüllt: Die Leistung ist in Teile zerlegt, die selbstständig im Projektteam oder von Zulieferern bearbeitet werden können.

Ein PSP sollte **codiert** werden. Das bedeutet, dass jedes Element seine eigene Nummer bekommt, die es eindeutig identifizierbar macht und anhand derer man auch in den nachfolgenden Planungen, wie den Arbeitspaketen und im Zeitplan, immer nachvollziehen kann, worauf sich etwas im PSP bezieht.

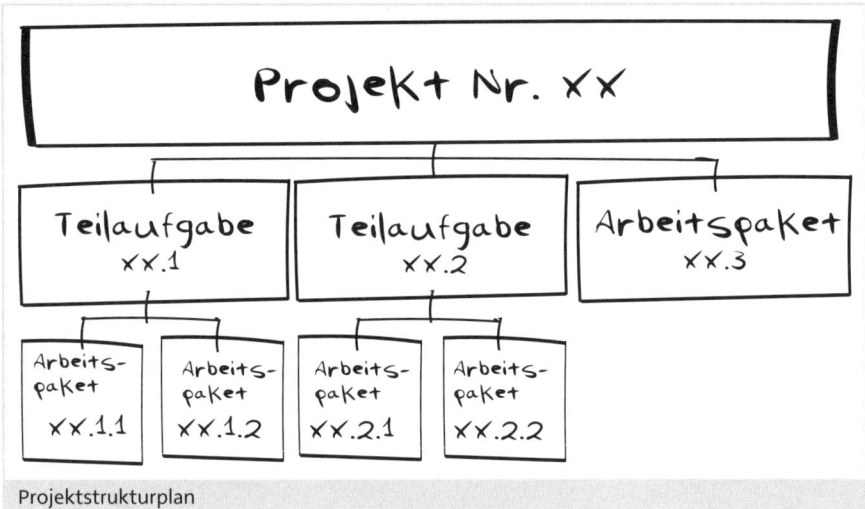

Projektstrukturplan

Strukturen schaffen Ordnung im Projekt. Der PSP ist:
- Grundlage für die Beschreibung und Delegation von Aufgaben an Projektbeteiligte,
- eine Gesamtschau aller Arbeitspakete,
- eine systematische Methode, um Vollständigkeit bei der Planung sicherzustellen,
- Grundlage für Kostenplanung und Reporting,
- durch die Codierung Bezugsbasis für alle anderen Plandokumente,
- Ausgangspunkt für alle Änderungen am Leistungsgegenstand des Projektes.

Der Projektstrukturplan 8

Tipps für die Erstellung eines PSP

1. Gehen Sie bei jeder einzelnen Zerlegung möglichst stringent nach einer Variante vor, d.h. mit einer klaren Fragestellung pro Ebene (Objekte / Funktionen / Phasen).
2. Wenn auf einer PSP-Ebene ausnahmsweise einmal gemischtorientiert zerlegt wird, dann sollte allen der Grund dafür klar sein. Auf diese Weise wird der Plan nachvollziehbar und die Wahrscheinlichkeit, etwas Wesentliches zu vergessen, reduziert.

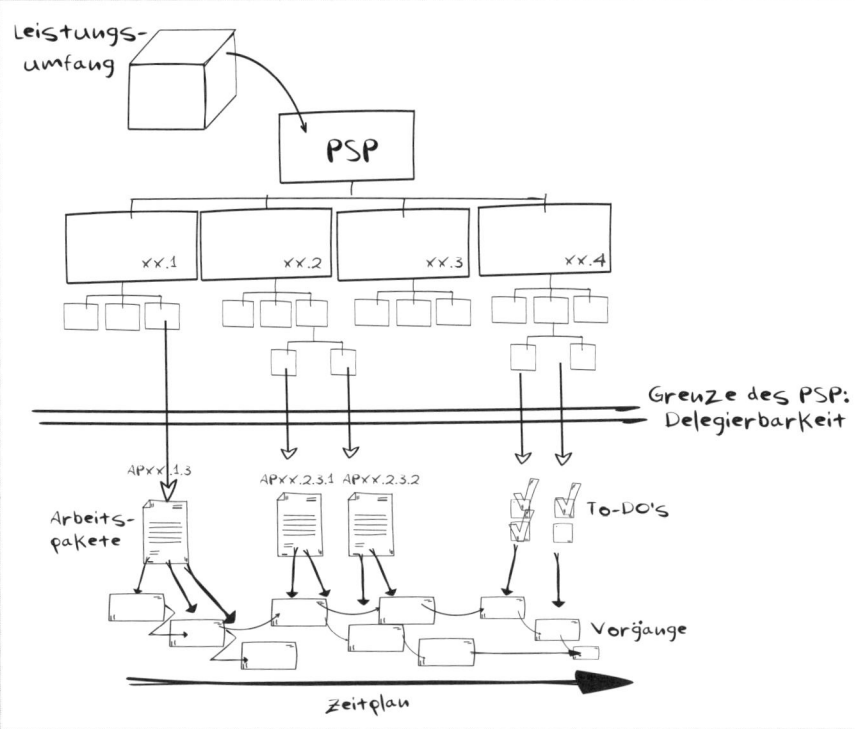

Die Systematik vom PSP bis zum Zeitplan. Die Grenze des PSP ist erreicht, wenn sich eine Aufgabe delegieren lässt.

Achtung

Wer sich sofort in die Details stürzt, so z.B. in die Beschreibung von Arbeitspaketen und in die Zeitplanung, vergisst meist, den Aufwand für wichtige Dinge, wie das Projektmanagement an sich oder das Qualitätsmanagement, einzuplanen. Beides ist zwar nicht Teil des Liefergegenstands, gehört aber zum Leistungsumfang (siehe Kap. 2.3) und verursacht meist erhebliche Kosten und benötigt viel Zeit.
Auch die Verwechslungsgefahr mit anderen Plänen ist groß: Der PSP ist kein Organigramm und kein Zeit- oder Phasenplan. Bestimmt das Denken in Personen, Verantwortung oder Terminen die Leistungsplanung, vermischen sich die Planungssichten. Dann werden schnell wichtige Aspekte übersehen.

8.2 Iteratives und inkrementelles Vorgehen

Fragt man Schüler in der Grundschule, welche Berufe sie später ergreifen möchten, kommen die Antworten noch selbstbewusst wie aus der Pistole geschossen.

Fragt man sie einige Jahre später als Jugendliche wieder, sind viele nicht mehr ganz so selbstbewusst. Die Erkenntnis hat eingesetzt, dass man dann doch nicht so einfach Pilot, Astronaut, Polizist, Arzt oder Anwalt wird und es daneben auch noch viele andere spannende Berufe gibt, wie etwa in einer Werbeagentur. Je mehr wir über den Tellerrand blicken und je besser wir uns informieren, desto komplexer werden die Möglichkeiten. All die damit verbundenen unbekannten Faktoren und Abhängigkeiten, die wir nach und nach erkennen, können Ängste mit sich bringen, weil sie nicht beherrschbar und planbar sind.

Sicherheit gibt uns dagegen die nahe Zukunft: Was z.B. jeder Zehntklässler weiß, ist, wann die nächsten Ferien beginnen, wie lange das Schuljahr noch dauert und was sein Plan für die Sommerferien ist. Das Leben eines Schülers wird durch die Rhythmen der Ferien und Prüfungen in überschaubare Zeitfenster eingeteilt, die beherrschbar und planbar sind.

Dieses Prinzip lässt sich auch auf das Vorgehen in Projekten übertragen. Wenn die gesamte Projektdauer schwer planbar ist und sich das Ergebnis und die Richtung des Projektes nur allmählich und Schritt für Schritt vorhersehbar weiter herauskristallisieren, können eben diese Schritte zum Taktgeber der Planung werden.

Eine detaillierte Planung in die fernere Zukunft macht hier keinen Sinn, da sie permanent korrigiert werden müsste und daher auch nur wenig verbindlich ist. Bei solchen Projekten hilft eine iterative bzw. inkrementelle Vorgehensweise weiter.

8 Iteratives und inkrementelles Vorgehen

- Eine **Iteration** beschreibt einen Zeitschritt aus einer Reihe sich wiederholender Arbeitsschritte. Das Projekt wird bei iterativem Vorgehen in mehrere zeitliche Intervalle eingeteilt. Eine Feinplanung wird immer nur für das nächste vorausliegende Zeitintervall erstellt. Die Dauer kann frei gewählt werden und muss zu dem Team und der Art der Arbeit passen. Gängig sind Iterationen von 14 bis 30 Tagen Dauer, aber auch deutlich kürzere oder längere Abschnitte sind möglich. In diesen Intervallen wiederholen sich immer wieder die gleichen Arbeitsschritte, z.B. Konzeption, Design, Realisierung und Qualitätscheck. Erst kurz bevor eine Iteration startet, muss festgelegt werden, welche Ergebnisse während dieses Zeitabschnitts umgesetzt werden sollen.

Eine Iteration ist eines von mehreren Zeitintervallen innerhalb der Projektlaufzeit.

- Ein **Inkrement** ist ein Ergebnisschritt, besser vorstellbar als Baustein. Der Liefergegenstand des Projektes wächst mit jedem dieser Bausteine ein Stück weiter an. Analog zu Iterationen kann ein Projekt auch in Inkremente eingeteilt werden. Dann wird immer nur die Realisierung des nächsten Bausteins geplant: Ein Inkrement wird vollständig umgesetzt, bis es in sich funktionsfertig ist. Man errichtet so Modul für Modul das Gesamtprojektergebnis. Wenn ein neues Modul vorliegt, kann der Auftraggeber konkret sehen, wie sich das Projekt entwickelt, und neue Änderungswünsche für die weitere Entwicklung formulieren.

Ein Inkrement ist ein Ergebnisintervall, Inkremente setzen wie Bausteine das Projektergebnis zusammen.

Beide Ansätze werden gerne kombiniert zu einem **iterativ-inkrementellen Vorgehen**, um von den Vorteilen beider Verfahren zu profitieren: Geplant wird in überschaubaren Zeitabschnitten, an deren Ende immer ein funktionierendes Teil des Ergebnisses vorliegen soll. Das Projektergebnis wächst so sehr transparent und greifbar an. Die Entwicklung bleibt dadurch nah am Kunden bzw. Markt, weil nach jeder Iteration die Ergebnisse bewertet und für die nächste Iteration die Priorität für Funktionen neu gesetzt oder Anpassungen eingeplant werden können. Der Kunde sieht »sein« Produkt sehr früh und kann seine Wünsche peu à peu in die Entwicklung einfließen lassen. Das verringert das Dilemma der Zielunschärfe (siehe oben in der Einleitung zu diesem Kapitel) und erlaubt einen hohen Grad an Flexibilität während des gesamten Projektverlaufs. Diese Flexibilität ist notwendig im kreativen Prozess, damit

- er Schleifen drehen kann,
- schnell anhand eines konkreten Prototyps Feedback eingeholt werden kann und
- Inkremente auch einfach mal verworfen werden können.

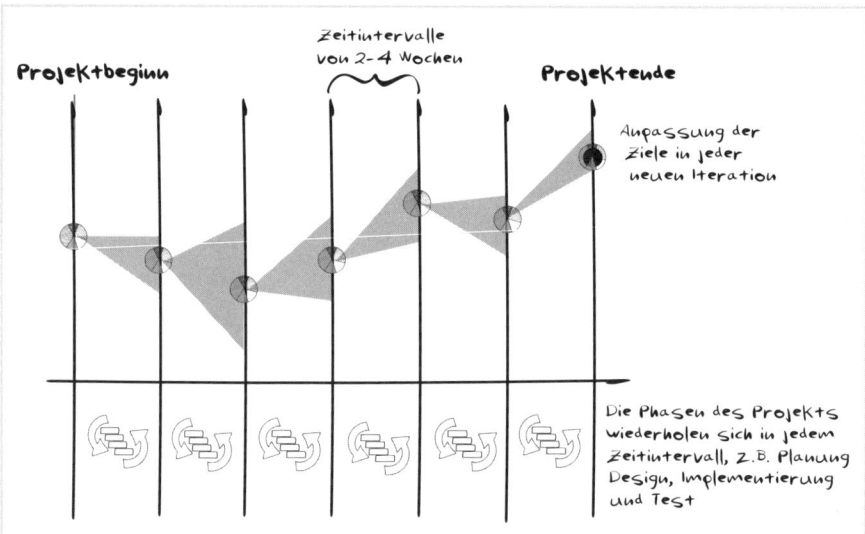

Durch iterativ-inkrementelles Vorgehen kann die Zielunschärfe eines Projektes im Griff behalten werden: Nach jeder Iteration liegen Ergebnisse vor und es kann nachjustiert werden.

> **! Beispiel**
>
> Die Marketingleiterin und Piet merken, dass die Einführung eines Bestellsystems per App und eines neuen Shopsystems auf der Homepage Abhängigkeiten in andere Bereiche des Unternehmens haben wird, die sie jetzt noch gar nicht durchschauen können. Deswegen beschließen sie, die App parallel zu den Anpassungen an die Unternehmensprozesse in schnellen Iterationen zu entwickeln: Einmal pro Woche liefert

Piets Team eine arbeitsfähige Version, die in der Janssen & Janssen AG von allen Stakeholdern getestet wird. Gemeinsam wird dann priorisiert, was in der nächsten Woche unbedingt umgesetzt werden muss. Wie erwartet, treten dabei Wünsche und vor allem technische Notwendigkeiten auf, die zu Beginn niemand vorhersehen konnte.

Scrum

Iterativ-inkrementelles Vorgehen ist ein Kennzeichen von agilen Projekten, die nach dem sog. Scrum-Ansatz arbeiten. Der Scrum-Ansatz hat ein ganz eigenes Set an formellen Projektrollen:

- Der **Product Owner** repräsentiert die Stakeholder des Projektes und seiner Ergebnisse. Er formuliert die Anforderungen an das Projekt und führt sie in einem sog. Product Backlog. Das ist eine Liste, in der alle Anforderungen oder die sog. User Stories (siehe Kapitel 8.4) nach der Priorität sortiert gesammelt werden. Der Product Owner ist für den Erfolg des Produktes verantwortlich.
- Das **Team** ist für die Realisierung der Anforderungen in Funktionalitäten zuständig. Es organisiert und steuert sich selbst, übernimmt aber auch die Verantwortung für die Realisierung.
- Der **Scrum Master** ist für den Prozess verantwortlich wie ein Coach. Dazu gehört insbesondere sicherzustellen, dass jeder im Team orientiert ist und sich an die Regeln und Vorgehensweisen hält.

Das Projektteam arbeitet selbstorganisierend (siehe Kapitel 6.4) und in Sprints zwischen zwei und vier Wochen (siehe Kapitel 10.4). Am Ende jedes Sprints liegt ein funktionsfähiges Inkrement vor. Die Steuerung und das Reporting des Teams erfolgen mit möglichst simplen und kommunikativen Mitteln, z.B. einer Kanban-Tafel (siehe Kapitel 8.5) und Burn-down-Charts (siehe Kapitel 11.2.3).

8.3 Arbeitspakete

Ein Arbeitspaket ist ein in sich geschlossener Teil der Leistung, der als Auftrag an einen Mitarbeiter oder einen Zulieferer delegiert werden kann. Es beschreibt eine Leistung, die so zugeschnitten ist, dass derjenige, der für das Arbeitspaket verantwortlich ist, sie selbstständig ausführen kann. Daran bemisst sich auch die maximale oder minimale Größe. Ein Arbeitspaket kann Hunderte Personentage umfassen, wenn ein externer Dienstleister damit beauftragt wird. Es kann genauso auch nur wenige Personentage (PT) vorsehen, wenn dabei ein kleines, aber wichtiges Detail im Projektteam erarbeitet werden muss.

Beispiel

Die Bereinigung eines Adresspools für eine Mailingaktion kann ein lästiges, aber wichtiges Arbeitspaket sein mit 2 PT Aufwand für einen Praktikanten. Ebenso kann die Neugestaltung der gesamten Adressdatenbank ein Arbeitspaket sein, das an die IT-Abteilung delegiert wird und 80 PT umfasst.

Leistungsumfang und Ergebnis

Bei der Formulierung von Arbeitspaketen gilt wieder das Ziel der Delegierbarkeit wie schon beim PSP. Es muss alle Informationen enthalten, die der Empfänger braucht, um es auszuführen. Es sollte dabei aber nicht unnötig in seine Kompetenzen eingreifen. Wichtiger ist eine klare Beschreibung der Ergebnisse und des Rahmens des Arbeitspaketes.

Die **Arbeitspaketbeschreibung** sollte dazu mindestens die Eckpunkte Zeit, Budget und Leistung enthalten. Dieses Muster wird wie beim übergeordneten Projekt angewendet. Darüber hinaus sind noch einige Informationen zum Kontext des Arbeitspaketes hilfreich, so dass sich die folgenden Beschreibungsinhalte empfehlen.

Empfehlenswerter Inhalt	Was ist damit gemeint?
Name des Arbeitspaketes	Prägnante Bezeichnung des Arbeitspaketes
PSP-Code	Die eindeutige Nummerierung von Arbeitspaketen hilft dabei, Verwechslungen zu vermeiden, und sie in anderen Planungstools, wie z.B. dem PSP, wiederfinden zu können.
Verantwortlicher	Wird das Arbeitspaket zugeordnet, muss notiert werden, wer die Aufgabe übernommen hat.
Leistungsbeschreibung	Die Leistung, die im Rahmen des Arbeitspaketes erbracht werden soll, muss so eindeutig wie möglich beschrieben werden.
Erwartete Ergebnisse	Welche Liefergegenstände sollen nach Abschluss des Arbeitspaketes vorliegen und welche Abnahmekriterien gelten dafür? Was auf Projektebene für die Formulierung von Leistung und Liefergegenständen gilt, trifft auch auf der Ebene der Arbeitspakete zu.
Notwendige Vorleistungen	Wenn ein Arbeitspaket auf dem Input eines anderen aufbaut, sollte beschrieben werden, welche Vorleistung erwartet werden kann.
Schnittstellen	Oft gibt es Abhängigkeiten zwischen mehreren Arbeitspaketen und die Leistungen müssen untereinander abgestimmt werden. Wenn dem so ist, sollten die Schnittstellen ebenfalls in der Arbeitspaketbeschreibung hinterlegt werden.
Wichtige Termine	Das späteste Fertigstellungsdatum und eventuelle Meilensteine werden gesetzt.
Budget und Ressourcen	Hier wird klar festgelegt, welche Mittel zur Verfügung stehen und auf welche Ressourcen für die Bearbeitung zugegriffen werden kann.

8.4 User Stories

Stellen Sie sich vor, Sie gehen zum Internisten, weil Ihr Bauch weh tut. Der Arzt stellt Ihnen zunächst Fragen zu Ihrer medizinischen Vorgeschichte und zum konkreten Problem. Sie erzählen ihm vielleicht: »Gestern nach dem Abendessen hatte ich plötzlich Bauchkrämpfe und mir ging es gar nicht gut: Mir war schlecht und ich musste mich hinlegen. Die Übelkeit hielt die ganze Nacht an und heute Morgen ging es mir auch nicht besser.« Dann wird der Doktor Ihren Bauch abtasten und eventuell Blut abnehmen. Kommt er zu einer Diagnose, schlägt er eine Therapie vor. Zeigt sie Wirkungen und hört Ihr Bauchweh auf, sind Sie zufrieden und werden den Arzt bei Bedarf wieder konsultieren.

Warum dieser Ausflug in die Arztpraxis? Weil dort Ähnliches geschieht wie in unserem Projektalltag, wo es regelmäßig um die Verständigung zwischen Experten und Laien geht. Die Auftragsklärung beginnt mit einem Problem, in unseren eigenen Worten als Laie formuliert. Dass der Bauch weh tut, ist nur ein Symptom und noch dazu ein diffuses. In der Patientenkartei wird deswegen auch der Grund des Besuchs später nicht mehr allein mit »Bauchweh« dokumentiert sein. Den Patienten zu verstehen und den Fall in Fachsprache zu übersetzen, ist Aufgabe des Arztes. Diese Übersetzungsleistung lässt er sich nicht von seinem Patienten, seinem »Kunden« oder »Auftraggeber«, aus der Hand nehmen. Erst, nachdem er das Problem des Patienten verstanden hat, beginnt er mit der Diagnostik. Das bedeutet weitere Nachforschung und Auftragsklärung, bevor Maßnahmen ergriffen werden.

Aus diesem Verfahren können wir viel für Projekte lernen: Zuerst ist da der Auftraggeber. Er hat ein Problem oder bestimmte Wünsche, aber in der Regel nicht so viel Ahnung von der Materie wie das Projektteam. Anstatt ihn zu zwingen, seine Anforderungen in Fachterminologie niederzuschreiben, kann diese Aufgabe von einem Experten im Projektteam wahrscheinlich präziser erledigt werden. Der Auftraggeber formuliert seine Wünsche nämlich oft viel besser in seinen eigenen Worten als sog. **User Story**. Sie kann dann z. B. kurz zusammengefasst auf einer Karte an der Kanban-Wand (siehe hierzu das nächste Kapitel) landen. Die Übersetzung von Laiensprache in Profisprache ist eine Aufgabe des Projektes, denn dafür sind dort Profis am Werk. Wenn ein Teammitglied schließlich mit der Arbeit beginnt, überlegt er oder sie sich, wie dieser Wunsch des Kunden technisch genau realisiert werden kann. Am Ende sprechen so alle Beteiligten die Sprache, die sie verstehen, und der Auftraggeber fühlt sich auch verstanden.

> **Beispiel**
>
> User Story: »Als Benutzer möchte ich die Webseite auf dem Smartphone und auf dem PC öffnen können und hier wie dort denselben Funktionsumfang haben.« Für die Entwickler der neuen Homepage würde das bedeuten, dass sie in Responsive Design angelegt werden muss, um plattformübergreifend zu funktionieren.

8.5 Die Kanban-Methode

Manche Probleme benötigen erschreckend einfache Lösungen. Vor so einem Problem stand die japanische Automobilindustrie in den 1950er Jahren, als die Produktionsmengen anstiegen und damit die Logistik schwieriger wurde. Wie sollte an hunderten Arbeitsplätzen sichergestellt werden, dass Tausende verschiedene Teile immer bereitliegen und die Produktion nicht wegen eines fehlenden Teils ins Stocken gerät? Die Lösung war und ist so simpel wie genial: Man legte von da an Karten in die Materialstapel, die signalisieren, dass nur noch wenige Teile vorrätig sind. Und auch danach beginnt keine Software zu arbeiten, sondern wieder eine bestechend schlanke Methode: An einer großen Tafel werden die Karten gesammelt. Die Tafel ist mit vertikalen Linien in verschiedene Abschnitte unterteilt. Links hängen die neu hinzu gekommenen Anforderungen, dann kommen Felder mit »In Bearbeitung«, »Auslieferung« und irgendwann auch mit »Erledigt«. Die Felder spiegeln also die Schritte des Prozesses von links nach rechts.

Das hat mehrere Vorteile, denn so ist auf einen Blick sichtbar, welche Karte in welchem Bearbeitungsschritt ist, wie viele Karten gerade im Umlauf sind und wie viele noch in der Warteschlange sind, bevor sie bearbeitet werden können. Der Bestellstatus und Materialfluss wird damit auf einen Blick sichtbar.

Das Prinzip der Einfachheit dieser sog. Kanban-Methode siegte in der Praxis über höhere Mathematik und detaillierte Planung; Papierkarten und Wandtafeln brachten die Lösung. Das Konzept der Kanban-Wand wurde deswegen auch von Projekten adaptiert.

Auf Kärtchen oder Post-its werden die Anforderungen oder Arbeitspakete geschrieben. Alle neuen Karten kommen erst mal auf das sog. Kanban-Board in die linke Spalte unter »To-do«. Dort können sie absteigend nach ihrer Priorität sortiert werden, so dass ganz oben immer der dringendste neue Vorgang wartet. Beginnt ein Mitarbeiter, einen der Vorgänge zu bearbeiten, nimmt er die Karte, schreibt seinen Namen darauf und hängt sie eine Spalte weiter in ein Feld, das »In Bearbeitung« heißt. Ist dann ein Vorgang abgeschlossen, kommt er wiederum eine Spalte weiter. Die kann z. B. »Warten auf Qualitätscheck« heißen oder »Erledigt«. Die Spalten werden so bezeichnet, wie es dem Arbeitsprozess des Teams entspricht.

Das Projektteam trifft sich regelmäßig, z.B. jeden Morgen, vor der Tafel und bespricht den Status der Vorgänge. Gibt es etwas zu berichten? Klemmt es an einer Stelle? Was wird als Nächstes fertig?

An den Umgang mit der Wand können bestimmte Regeln geknüpft werden.
- So kann man z.B. festlegen, dass jeder Mitarbeiter immer nur eine Karte im »In Bearbeitung«-Feld haben darf. Dadurch wird verhindert, dass sich die Teammitglieder im wahrsten Sinne des Wortes »verzetteln« – dass sie also immer mehr Tätigkeiten anfangen, aber kaum welche abschließen.
- Das Team sieht mit einem Blick auf das Board, was noch an Arbeit vor ihm liegt und auch, was schon erreicht ist. Deswegen sollten die erledigten Kärtchen auch nicht gleich von der Wand entfernt werden.
- Sinnvoll kann es auch sein, die Tafel einmal im Monat komplett zu leeren und zu diesem Termin festzulegen, dass alle Karten den Status »Erledigt« erreicht haben sollen. Während des Monats dürfen dann aber auch keine neuen Karten aufgenommen werden.

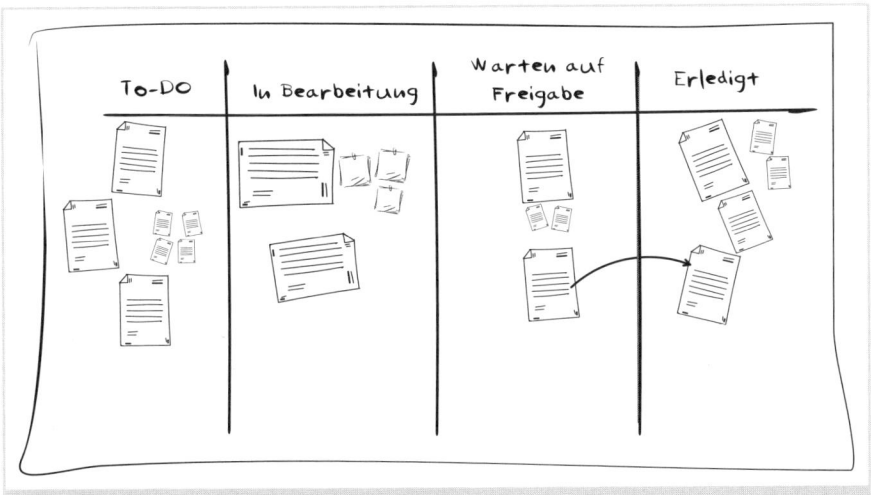

Ein Kanban-Board mit vier Bearbeitungsschritten

9 Ressourcen und Finanzmittel

Ressourcen und Finanzmittel machen Projekte arbeitsfähig. Für den Projekterfolg macht es einen Unterschied, ob ein Team mit wenig Budget, zusammengestellt aus lauter Berufsanfängern, die noch nie miteinander gearbeitet haben, in einem schäbigen fensterlosen Büro an alten Geräten arbeiten muss, oder ob ausreichend Budget vorhanden ist und erfahrene Profis, die sich schon aus vorherigen Projekten kennen, in einer angenehmen Arbeitsatmosphäre und mit modernster Technik ans Werk gehen.

Den Unterschied machen in diesem Vergleich nicht nur das Geld, sondern auch das Arbeitsumfeld und die individuellen Kompetenzen der Mitglieder sowie auch ihre Erfahrungen als Team. Und während man schönere Büros und neue Computer noch mit einem höheren Budget anschaffen könnte, lassen sich Kompetenzen von Mitarbeitern und die Qualitäten eines Teams nicht nur in Geld ausdrücken (siehe dazu näher das Kapitel 6).

- **Ressourcen** sind alle Mittel, die ein Projekt einsetzen kann, um seine Leistung zu erbringen und den Zielen näher zu kommen. Dazu gehören Menschen, deren Wissen und Erfahrung, aber auch Material und Räume.
- **Finanzmittel** sind die Gelder, die ein Projekt zur Verfügung hat.

Diese Unterscheidung ist deshalb bedeutsam, weil nicht alle Ressourcen auch Kosten verursachen, oft aber Stakeholdermanagement und ein gutes Projektteam erfordern, um sie zugänglich zu machen. Viele gemeinnützige Organisationen können auf diese Weise große Projekte mit sehr geringem Budget durchführen.

9.1 Personentage: die projektbezogene Währung

Projekte haben eine eigene interne Währung, die Personentage (PT). Ein PT bezeichnet das Tagwerk eines Mitarbeiters und ist damit die Einheit, in der man in Projekten Arbeitsaufwand misst. Der Wert eines Personentages ist relativ und hängt von dem jeweiligen Mitarbeiter und der Aufgabe ab.

> **Beispiel** !
> Ein Experte kann mit einem Personentag Aufwand Dinge erledigen, die ein Anfänger mit 5 PT nicht so gut schaffen wird.

Der Umrechnungskurs eines PT sind etwa 8 Stunden, was üblicherweise einem Arbeitstag entspricht. Allerdings sind diese 8 Stunden nur eine grobe Näherung, denn in einigen Unternehmen ist mit dem Betriebsrat ausgehandelt, wie viele Sunden ein Personentag für angestellte Mitarbeiter in Projekten haben darf. So entspricht ein PT auch mal exakt 7,61 Stunden oder weniger. In anderen Firmen, und das sind dann meist diejenigen ohne Betriebsrat, werden Mitarbeiter, die nach 8 Stunden nach Hause gehen wollen, gefragt, ob sie denn den Rest des Tages freigenommen hätten. Hier kann ein Personentag auch deutlich mehr Stunden umfassen.

Für Freiberufler ist es gang und gäbe, für ihre Leistung nur die effektiv erbrachte Arbeitszeit in Rechnung zu stellen. Zeiten für Fortbildungen, Stillstand oder Krankheit können sie von keinem Auftraggeber ersetzt bekommen. Die Arbeit von Freiberuflern kann in Projekten deshalb relativ schnell in Personentage übersetzt werden.

Bei angestellten Mitarbeitern ist das anders, denn sie werden nicht für die Nettoarbeitszeit im Projekt bezahlt, sondern für die Bruttoarbeitszeit, die sie im Unternehmen aufwenden. Zieht man davon Urlaub, Fort- und Weiterbildung, Krankheit, interne Veranstaltungen und Besprechungen ab, schrumpft deutlich die Anzahl von Personentagen, die noch für die Projektarbeit genutzt werden können. Sind die Arbeitszeiten aber erst mal in PT umgerechnet, können alle Projektmitarbeiter nach derselben Maßeinheit verplant werden.

> **! Gut zu wissen**
>
> Um abzuschätzen, wie viele Tage ein Vollzeit-Mitarbeiter im Jahr arbeiten kann, werden von den Tagen eines Jahres zuerst alle Abwesenheiten abgezogen:
> 365 Kalendertage
> – 52 Samstage
> – 52 Sonntage
> – 12 Feiertage
> – 10 Krankheitstage
> – 5 Tage Fortbildung
> – 30 Urlaubstage
> = 204 Arbeitstage
> Ein Mitarbeiter, der einem Projekt zu 100% zugeordnet ist, ist also ca. 204 Arbeitstage im Jahr anwesend. Die Menge an Personentagen, die er tatsächlich leisten kann, liegt jedoch deutlich darunter. Meetings, Telefonate und E-Mails absorbieren einen signifikanten Teil der Arbeitszeit – Pausen sind da noch nicht inkludiert. Hin und wieder lenkt auch eine persönliche oder familiäre Angelegenheit ab. Gelegentlich ist ein Personalgespräch fällig und ständiges Multitasking verringert die Effizienz. Das zeigt die Schwierigkeit, die in der Berechnung von Personentagen liegt: Es sind ideale Arbeitstage – doch leider gibt es ideale Arbeitstage nicht. Eine Arbeit von 2 PT kann sich so schnell auf eine ganze Kalenderwoche erstrecken.

Freiberufler verrechnen auf Tages- oder Stundenbasis ihre Leistung und sind nicht an dieselben Restriktionen gebunden wie Arbeitnehmer. Allerdings sind sie auch selbst verantwortlich für ihre Fortbildung und Gesundheit und somit dafür, ihre Leistungsfähigkeit aufrechtzuerhalten.

9.2 Die Kostenplanung

Projekte können eine ähnliche Kostenstruktur haben, wie sie auch in Unternehmen üblich ist. Für ganz unterschiedliche Arten von Ausgaben muss Geld eingeplant werden.

Häufige Kostenarten in Projekten sind:
- **Personalkosten** für Mitarbeiter,
- **Sach- und Materialkosten** für Geräte und Rohstoffe,
- **Kommunikationskosten** für Telefon- und Internetgebühren sowie Frachtkosten und Porto,
- **Fremdkosten** für Dienstleistungen, die andere Unternehmen erbringen,
- **EDV-Kosten** für den Betrieb von Soft- und Hardware, Lizenzen, Wartungen und Updates oder Support,
- **Schulungskosten** für Teammitglieder,
- **Reisekosten** für Besprechungen, Besichtigungen oder Schulungen,
- **Raummiete** für Büros, Besprechungsräume, Werkstätten oder Lagerräume.

Es kommt ganz auf das individuelle Umfeld eines Projektes an, ob es all diese Kosten tatsächlich einkalkulieren muss oder nicht. In größeren Unternehmen kann es sein, dass Räume, EDV und Kommunikationsmittel ohnehin vorhanden sind und nicht im Projekt als Kosten berücksichtigt werden müssen. Mitarbeiter werden dem Projekt dann in der Regel per Stellenanteil oder in Personentagen zugeordnet. So werden einem Projektleiter z.B. ein Team von fünf Vollzeitkräften und zwei 50%-Stellen für das Projektoffice zur Verfügung gestellt, oder ihm werden 1.200 Personentage auf die Projektlaufzeit von einem Jahr zugewiesen. Die Kostenplanung konzentriert sich dann auf die Materialkosten und Fremdkosten.

> **Achtung**
>
> Das Personal wird in solchen Fällen leicht zu den berüchtigten »Eh-da«-Kosten. Das resultiert aus dem betriebswirtschaftlichen Trugschluss, dass manche Kosten nicht geplant oder kontrolliert werden müssen, weil die Mitarbeiter unabhängig vom Aufwand des Projektes »eh da« sind. Eine hartnäckige Form der Fixkosten also. Um einen Trugschluss handelt es sich deswegen, weil es sich in jedem Fall um Ressourcen des Projekts handelt, auch wenn sie nicht »eingekauft« wurden. Als

> Ressourcen sind sie aber beschränkt. Und genau deswegen macht es doch einen Unterschied, ob 2 × 50% Projektmitarbeiter genutzt werden oder ihre Arbeitskraft verfällt – denn lagerbar sind Eh-da-Ressourcen (leider) nicht.

In kleinen Unternehmen oder wenn für das Projekt extra eine Projektgesellschaft eingerichtet wurde, müssen alle diese Kosten berücksichtigt werden und zusätzlich noch ausreichend Puffer, um das unternehmerische Risiko aufnehmen zu können. Werden Zeitpläne überschritten oder treten ungeahnte Komplikationen auf, fordert der Kunde nach Projektende Nachbesserungen und die Marge zwischen dem geplanten Projektaufwand und der Bezahlung schmilzt schnell zusammen.

In solchen Fällen wird das Projekt vollständig zum Unternehmen, dessen Geschäftsführung beim Projektleiter liegt. Hier müssen unbedingt auch **Beratungskosten** für Steuerberater und Rechtsanwälte, aber auch der **Verwaltungsoverhead** einkalkuliert werden, der durch die betriebswirtschaftlichen Aufgaben, wie die Buchhaltung und das Personalwesen entsteht.

Wird für das Projekt extra eine eigene Gesellschaft gegründet, beispielsweise eine GmbH oder GbR, dann sollte zudem noch an die **Gründungskosten, so z. B. an die Handelsregister- und Notargebühren,** und die **Abwicklungskosten** nach Projektende gedacht werden.

9.3 Aufwand- und Ressourcenplanung

Es gibt unzählige Softwareprodukte, die bei der Ressourcenplanung behilflich sein können. Das beginnt bei gängigen Tabellenkalkulationsprogrammen und geht über große Planungssoftware, die zahlreiche Parameter miteinander koordiniert, bis hin zu virtuellen Kollaborationsplattformen, auf denen die Teammitglieder sich selber Aufgaben zuteilen und den Fortschritt berichten können.

Alle diese Programme funktionieren weitgehend nach einer Logik, die im Prinzip auch einfach mit einem Stift auf die Wand gemalt werden kann. Das macht die Softwareunterstützung für Projekte nicht überflüssig, ganz im Gegenteil. Ab einer gewissen Größe des Projektes und einer gewissen Datenmenge, die das Projektmanagement verarbeiten muss, sind gute IT-Tools unerlässlich.

Allerdings bieten Zettel und Papier für überschaubare Projekte die Möglichkeit, die Planung schneller, direkter und verbindlicher zu vereinbaren als digitale Lösungen. Zudem macht es auch einfach mehr Spaß, mit dem Projektteam gemeinsam zu überlegen, wer was machen kann und mit wieviel Aufwand das verbunden ist. Das schafft Akzeptanz für die Planung und erhöht das Verantwortungsgefühl der Teammitglieder für das Projekt.

Das Prinzip der Ressourcenplanung ist an sich simpel. Arbeitspakete werden noch eine Ebene tiefer aufgebrochen und in einzelne Tätigkeiten zerlegt. Den Tätigkeiten werden dann Ressourcen zugeordnet. Jede Tätigkeit hat einen Verantwortlichen. Der Aufwand wird in Personentagen für menschliche Ressourcen, in Stunden für die Nutzung von Maschinen und Räumen oder in Euro für Material und externe Kosten notiert. Dann kann summiert werden, welcher Aufwand pro Vorgang, pro Ressource und damit auch insgesamt anfallen wird.

9.3.1 Experten- und Gruppenschätzungen

»Fragen Sie jemanden, der sich damit auskennt« – das ist keine schlechte Devise, wenn es um das Schätzen von Dauer oder Aufwand geht. Das Verfahren nennt man **Expertenschätzung** und es ist es ein probates Mittel, um schnell eine Antwort zu erhalten, mit der die Projektplanung arbeiten kann. Was kostet ein Keynote Speaker für das Kick-off-Meeting? Wie schnell bekommen wir die Unterlagen auf Portugiesisch übersetzt? Wieviel Aufwand ist es für die IT Abteilung, die Adressdatenstruktur zu verändern? Wer zu all dem Kollegen und Kontakte mit der entsprechenden Erfahrung befragen kann, dem ist schnell geholfen.

Gleichwohl birgt die Befragung eines einzelnen Experten auch Risiken. Berücksichtigt werden muss, ob dieser dazu tendiert, optimistische oder pessimistische Prognosen abzugeben. Verliert er sich im Detail und kompliziert er Dinge oder sind für ihn alle Anfragen zu Beginn erst einmal kein Problem? Auch ist es ein nicht unwesentlicher Faktor, ob der Experte, der die Schätzung abgibt, den Vorgang selber umsetzen wird. Schätzt er den Aufwand vielleicht gering ein, weil ihm eine geniale Umsetzungslösung eingefallen ist, die der Ausführende, der später den Auftrag erhält, nicht kennt? Expertenschätzungen sind schnell verfügbar und deswegen unentbehrlich, aber auch empfindlich gegenüber Tagesschwankungen. Sie können stark variieren, je nach befragtem Experten. Nicht nur, ob ein Kollege unverbesserlicher Optimist ist oder immer erst die Hindernisse sieht, beeinflusst sein Urteil. Auch, ob ihm der Morgenkaffee geschmeckt hat, aus welchem Meeting er gerade kommt und wie viel Arbeit auf seinem Schreibtisch vor ihm liegt, kann schon ausschlaggebend sein für die Höhe seiner Prognose.

Um diese Schwankungen auszugleichen, können **Gruppenschätzverfahren** eingesetzt werden. Dazu werden gleich mehrere Experten oder das gesamte Projektteam um einen Schätzwert gebeten. Der Mittelwert der Schätzungen wird dann für die Planung verwendet.

> **!** **Achtung**
>
> Auch dieses Verfahren hat seine Risiken, wenn es nicht überlegt angewendet wird. Sind die Schätzwerte sehr breit gestreut oder gibt es Peaks in den Werten, also einzelne Schätzungen, die besonders hoch oder tief herausstechen, muss hinterfragt und diskutiert werden, was der Grund dafür ist. Hat vielleicht ein Großteil der Befragten nicht wirklich eine Ahnung vom Thema und konnte nur einer eine fundierte Schätzung abgeben? Haben die Befragten vielleicht unterschiedliche Hypothesen als Grundlage für ihre Schätzung herangezogen?

Während geschätzt wird, sollte in der Gruppe nicht gesprochen werden. Das vermeidet unbewusste Tendenzen in den Schätzungen, die entstehen, sobald der erste Wert genannt wird, womöglich auch noch von einem Experten für das Thema selbstbewusst vorgetragen. Dieser Ankereffekt entsteht, wenn die erstgenannte Zahl Teil des Denkprozesses der anderen Gruppenteilnehmer wird. Sie gehen dann bei ihrer Einschätzung von dem Wert aus und passen ihn nur noch etwas an, in etwa: »Der Wert klingt okay, noch 2 PT Puffer drauf und dann ist's gut.«

Auch Rivalitäten und gegenseitiges Anspornen (siehe hierzu das Kapitel 6.6.8) können Einfluss auf die Diskussion von Schätzungen in Gruppen haben. Deswegen ist es sinnvoll, Aufwandsschätzungen in Gruppen als verdecktes Schätzverfahren durchzuführen, so z. B. als Planning Poker (siehe Kap. 9.3.2). Bei dieser Methode schreiben alle Teilnehmer ihren Wert auf Karten und decken sie dann jeweils gleichzeitig auf. Jeder Teilnehmer muss sich seine eigenen Gedanken machen. Die gegenseitige Beeinflussung während der individuellen Schätzung wird so ausgeschlossen.

9.3.1.1 Parametrische Schätzverfahren

Unser Denken und Entscheiden ist unweigerlich beeinflusst von einigen Denkfallen, denen wir mehr oder weniger unbewusst aufsitzen. Sie verfälschen Schätzungen und andere Entscheidungen, die wir treffen müssen.

9 Aufwand- und Ressourcenplanung

Menschliche Denkfallen

Psychologen haben inzwischen eine ganze Reihe von Denkfallen und Heuristiken erforscht. Das sind Funktionsmuster unseres Bewusstseins, die stark beeinflussen können, zu welchen Ergebnissen wir bei Schätzungen kommen. Hier eine Auswahl:

- **Confirmation Bias**: Informationen, die das eigene Verständnis einer Situation bestätigen, werden bevorzugt und höherwertig eingestuft. Haben wir uns also einmal ein Bild von einem Sachverhalt oder einer Person gemacht, dann nehmen wir neue Erkenntnisse nicht mehr unbefangen auf, sondern suchen quasi nach Bestätigung für das Bild, das wir haben. Gefährlich wird das, wenn wir uns im Projekt für eine mangelhafte technische Lösung oder das falsche Produkt entschieden haben. Es kann dann eine Weile dauern, bis wir die Warnsignale wahrnehmen und begreifen.
- **Anchoring Trap**: Die erste Information, die wir über eine Situation erhalten, dient als Referenz für alle weiteren Informationen. Sie setzt quasi einen mentalen Anker und wird dadurch im Vergleich zu nachfolgenden Informationen überbewertet.
  Beispiel: Startet ein Dienstleister die Verhandlung mit einem hohen Angebot, etwa mit 40.000 Euro für eine simple Marktrecherche, dann orientieren wir uns an diesem Wert. Landen wir am Ende bei einem viel günstigeren Ergebnis, vielleicht, weil der Leistungsumfang auch deutlich reduziert wurde, freuen wir uns. Aber wer sagt eigentlich, dass der hohe Einstiegspreis eine realistische Referenz war? Niemand – aber die 40.000 Euro sitzen immer noch wie ein Anker in unserem Hinterkopf.
- **Framing Trap**: Der Rahmen, in dem eine Information präsentiert wird, beeinflusst unsere Bewertung bzw. Entscheidung. Ein Beispiel: In jeder Speisekarte gibt es ein sehr günstiges Gericht und ein sehr teures. Wählen werden wir meist eines in der Mitte. Die hohen und niedrigen Preise in der Speisekarte bilden eine Klammer, innerhalb derer wir die Preise bewerten. Ob es dieselbe Pasta im Restaurant ein Haus weiter vielleicht günstiger gibt, überlegen wir nicht. Denn wir bewegen uns in dem Rahmen, den uns die Speisekarte setzt. Glauben Sie nicht? Werfen Sie mal einen Blick in die Weinkarte.
- **Sunk Cost Trap**: Es gibt eine Redensart, die besagt, man solle »gutes Geld nicht schlechtem hinterherwerfen«. Das beschreibt treffend, welche Denkweise hinter der Sunk Cost Trap steht: Wir tendieren dazu, an Entscheidungen stärker festzuhalten, je mehr wir schon in sie investiert haben. Anstatt nur auf den aktuellen Status und die zukünftige Entwicklung zu schauen, denken wir an all das Geld und den Aufwand, den wir schon investiert haben, und halten daran fest. Viel zu spät gestehen wir uns dann ein, dass die ursprüngliche Idee doch nicht so brillant war, dass die Kampagne nicht so gut ankommt, wie erhofft, dass die Aktie höchstwahrscheinlich nicht mehr den Wert erreichen wird, zu dem wir sie damals gekauft haben.

All diese Verfälschungsfaktoren sind bei Schätzverfahren nur schwer auszuschließen. Ein Versuch, sie zumindest einzudämmen, sind **parametrische**

Schätzverfahren. Dabei wird auf Erfahrungswerte mit vergleichbaren Leistungen zurückgegriffen, um daraus dann Parameter für Schätzungen abzuleiten. Das kann gut funktionieren, wenn die Historie gut mit gleichartigen Leistungen gefüllt ist. Wer beispielsweise schon mehrere Marketingaktionen für ein Unternehmen gemacht hat, kann aus den Erfahrungswerten den Durchschnittsaufwand für die Gewinnung eines Neukunden berechnen. Hier tritt jedoch auch noch ein anderer Effekt hinzu: Wenn man so viel Erfahrung mit einer Sache hat, dann sind die Expertenschätzungen höchstwahrscheinlich auch sehr präzise.

9.3.1.2 Story Points

Mit sog. Story Points können Schätzungen von User Stories (siehe hierzu das Kapitel 8.4) oder Arbeitspaketen vorgenommen werden. Dazu wird eine Skala festgelegt, etwa von 1 bis 10, nach der die einzelnen Aufgaben bewertet werden. 1 steht dann für eine simple Anforderung, die sich einfach und schnell realisieren lässt. 10 steht für eine komplizierte Anforderung, bei der größere Schwierigkeiten zu erwarten sind.

Story Points sind also ein relatives Maß, das sich daran orientiert, wie kompliziert das Projektteam eine Aufgabe bezogen auf die anderen Tätigkeiten einschätzt. Bewusst wird nicht nach absoluten Schätzungen von Terminen oder Kosten gefragt.

Nach einer Iteration (siehe hierzu das Kapitel 8.2) hat das Projektteam erste Erfahrungen gesammelt, wie viele Story Points es in einer Zeiteinheit bewältigen kann. Dann lässt sich aus diesen Werten der zukünftige Fortschritt prognostizieren (siehe hierzu auch Kapitel 11.2.3).

9.3.2 Planning Poker

Wenn viele Arbeitspakete geschätzt werden müssen, ziehen sich Teams in Schätzklausuren zurück. Eine Möglichkeit, diese Workshops effizient zu moderieren und einige der oben beschriebenen typischen Denkfallen in Teams einzudämmen, ist das sog. Planning Poker.

Jeder Teilnehmer des Workshops erhält dazu ein Set Karten mit Zahlen darauf. Diese können wie die Story Points (siehe hierzu das Kapitel zuvor) in eine Skala von 1 bis 10 eingeteilt sein oder in eine schnell in Sprüngen ansteigende Zahlenreihe von z. B. 0, 1, 2, 3, 5, 8, 13, 20, 40 und 100. Dann wird je ein

Arbeitspaket bzw. eine User Story vorgestellt und alle Teilnehmer schätzen den Aufwand – jeder für sich, ohne etwas dazu zu sagen. Erst, wenn alle für sich zu einer Schätzung gekommen sind, werden die Karten aufgedeckt. Dann werden die Extremwerte diskutiert, bis die Gruppe zu einem gemeinsamen Ergebnis gekommen ist.

Durch dieses Verfahren wird ausgeschlossen, dass ein einzelner Teilnehmer die anderen beeinflusst, etwa, indem er seine Meinung am lautesten kundtut oder von allen als Experte angesehen wird. Durch die verdeckte Abfrage müssen sich alle Teilnehmer zunächst unabhängig voneinander Gedanken machen, und das fördert manchmal sehr wichtige und erschreckend triviale Erkenntnisse zutage, etwa: »Wenn wir alle Kunden in dem Mailing duzen wollen, müssen wir erst einmal überprüfen, ob von allen der Vorname in der Adressdatenbank hinterlegt ist.«

9.3.3 Die VMI-Matrix

Die VMI-Matrix ist eine einfache Methode, um die Ressourcen für Arbeitspakete oder die Tätigkeiten für ein ganzes Team zu planen. Sie kann mithilfe von Excel oder einem anderen Tabellenkalkulationsprogramm erstellt werden.

	Vorgang	\multicolumn{4}{c}{Ressourcen und Aufwand}	
		PL	PO	Tom	Maria	
1	Marketingkonzept erstellen	M 5 PT		V 8 PT		13 PT
2	Anbindung Shopsysteme	I		M 4 PT	V 10 PT	14 PT — Aufwand pro Vorgang
3	Kundenfeedback einholen	V 2 PT	M 6 PT	I	I	8 PT
4	...	...	...	...	...	
		7 PT	6 PT	12 PT	10 PT	Gesamt: 35 PT

Aufwand pro Ressource

V = Verantwortung, M = Mitwirkung, I = Info

Die VMI-Matrix wird eingesetzt, um Verantwortung und Ressourcen zu planen.

In der linken Spalte werden zunächst alle Tätigkeiten aufgelistet. Die Beschreibung sollte hier knapp, aber präzise sein. Je ein Substantiv und ein Verb sind dabei Minimalanforderungen: Es wird also z. B. ein Konzept (Substantiv)

Ressourcen und Finanzmittel

erstellt, geprüft, überarbeitet, freigegeben, gedruckt, verschickt (Verb) oder was auch immer damit geschieht. Eine klare Beschreibung beugt späteren Missverständnissen und Verwirrung vor.

Die weiteren Spalten sind mit den Ressourcen überschrieben. Das können die Namen der Teammitglieder sein oder besser deren Qualifikationen, denn so lassen sich später einfacher Tätigkeiten tauschen oder Verstärkung zuordnen. Qualifikationen wären z. B. Grafiker, Texter, Projektmanager oder Assistenz.

Anschließend werden die Tätigkeiten mit den Ressourcen verknüpft. An einem Schnittpunkt kann ein V eingetragen werden, wenn die Ressource verantwortlich für die Tätigkeit ist; ein M steht für Mitwirkung und ein I dafür, dass die Ressource informiert werden muss über die Tätigkeit und auch deren Abschluss. Die Arbeit wird erledigt von den Personen mit einem V oder einem M. In der VMI-Matrix sind damit immer Verantwortung, Mitwirkung und Information hinterlegt. Diese drei Elemente geben ihr auch den Namen.

> **!** **Die RACI-Matrix**
>
> Diese Methode ist der RACI-Matrix ähnlich, die im englischen Sprachraum gängig ist. Deren Buchstaben stehen für Responsible, Accountable, Consulted und Informed.
> Bei dieser Matrix wird noch feiner unterschieden als bei der VMI-Matrix:
> 1. Responsible ist, wer für die Durchführung einer Tätigkeit verantwortlich ist und sie letztlich auch selber realisiert.
> 2. Accountable ist der Gesamtverantwortliche oder eben der Unterschriftsberechtigte.
> 3. Consulted wird jemand, der zu einem Thema konsultiert wird und ggf. mit wichtigen Informationen und Ratschlägen hilft.
> 4. Informed entspricht wieder dem I der VMI Matrix.

Wenn hinter jedem Buchstaben auch der geschätzte Aufwand eingetragen wird, zeigt sich in der Zeilensumme der geschätzte Gesamtaufwand pro Tätigkeit und in der Spaltensumme der Gesamtaufwand pro Person oder Rolle. Häufig stellt sich dann heraus, dass die Mitglieder des Projektteams unterschiedlich stark verplant sind. Ist das tatsächlich so, empfiehlt es sich, über die Rollen und Qualifikationen bei der Tätigkeitszuordnung nachzudenken und, wenn möglich, Verstärkung für das überlastete Qualifikationsprofil zu finden.

Bei mehreren Arbeitspaketen wird die Matrix zur Ressourcenauslastung schnell unübersichtlich. Hier gibt es unzählige Softwarelösungen auf dem Markt, die eine große Hilfe sein können. Bei der Auswahl des passenden Programmes empfiehlt sich ein kritischer Vergleich. Sie sollten die verschiedenen Anbieter- und Bedienkonzepte zunächst ausführlich testen. Die Zeit dafür ist gut investiert: Während dieser Beschäftigung können Sie mehr über Projektmanagement und die eigenen Anforderungen lernen als in einer Woche Seminar.

9.4 Liquiditätsplanung

Alle Kosten, die auf das Projekt gebucht werden, müssen irgendwann beglichen werden. Dafür muss das Projekt über flüssige Finanzmittel verfügen. Allerdings werden manche Kosten früher und andere eher später fällig, zumal die meisten davon über die Laufzeit des Projektes erst verursacht werden. Deswegen muss in der Regel nicht schon zu Beginn eines Projektes ein Girokonto mit dem kompletten Projektbudget eingerichtet sein, sondern der Finanzbedarf kann über die Dauer des Projektes geplant werden. Projekte, die innerhalb eines Unternehmens stattfinden, haben kein eigenes Girokonto. Sie haben eine Kostenstelle. Und auch die kennt Grenzen. Hier kann es ebenso entscheidend sein, welche externe Rechnung wann eingeht und welche Anzahl an Personentagen in welchem Monat abgerufen wird.

Bei der Liquiditätsplanung werden die Zahlungseingänge und Ausgaben auf einer Zeitachse einander gegenübergestellt. Daran kann abgelesen werden, zu welchem Zeitpunkt wie viel Geld verfügbar sein muss. Die Gestaltung der Abrechnungsvereinbarung mit dem Auftraggeber (siehe hierzu Kapitel 3.7) kann an dieser Planung orientiert werden.

> **Beispiel**
> Es können quartalsweise Abschlagszahlungen oder monatliche Pauschalen ausgehandelt werden. Ein Vorschuss vor Projektbeginn kann die Liquidität für die Beschaffung von Material und Technik sichern, und fixe Zahlungen zu Meilensteinen sind willkommene Anreize für beide Seiten. Damit lässt sich vermeiden, dass die Liquidität des Auftragnehmers durch das Projekt stark beansprucht wird.

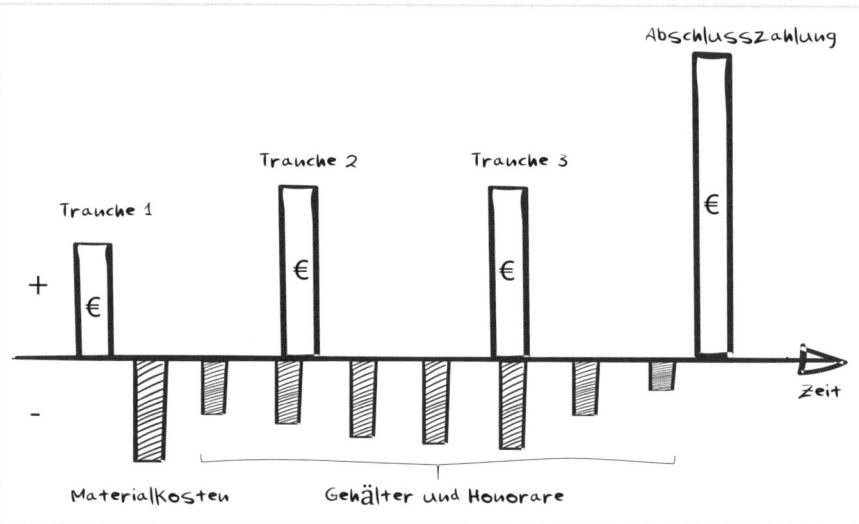

Die Liquiditätsplanung eines Projektes stellt Einnahmen und Ausgaben auf dem Zeitstrahl gegenüber.

10 Zeit und Ablauf

Wenn es eine Methode gibt, die das Bild zum Projektmanagement prägt, dann ist das der Zeitplan. Genauer gesagt wird es wahrscheinlich ein Gantt-Diagramm oder ein Netzplan sein. Beide sind nahe miteinander verwandte Methoden, um Arbeitsabläufe in all ihren Abhängigkeiten abzubilden und zu steuern. Präzise wie in einem Bahnfahrplan kann darin abgelesen werden, wann eine Tätigkeit starten und enden soll und welche Anschlussverbindungen sie zu nachfolgenden Vorgängen hat. Kommt es zu Verzögerungen, die den Puffer eines Vorgangs überschreiten, verschieben sich wahrscheinlich auch seine Nachfolger. Der Plan muss dann aktualisiert werden. Auch hier bestehen Parallelen zum Bahnfahrplan.

Ihren Ursprung nahmen diese Planungsmethoden vor über 100 Jahren, als begonnen wurde, Management mit mathematischen und statistischen Methoden zu professionalisieren.

Heute haben die meisten Branchen Projektmanagement für sich entdeckt. Nicht in allen ist jedoch die detaillierte Zeitplanung in langen Horizonten möglich und sinnvoll. So gibt es im einen Extrem gigantische Bauprojekte, die ihre Prozesse und Zeitplanung so gut im Griff haben, dass sie auf Jahre vorausschauen können und die Materialplanung so präzise takten, dass das eigentliche Lager auf der Straße ist und die Teile just in time per LKW geliefert werden, um sofort verbaut zu werden. Auf der anderen Seite gibt es Projekte, die mit jedem Schritt, den sie gehen, erst erkennen, wo sie den nächsten Fuß hinstellen können. Das betrifft vor allem Projektgegenstände, die sich wie ein Organismus weiterentwickeln und zu keinem Zeitpunkt komplett beschrieben und durchdacht werden können. Diese Projekte finden sich in der modernen Softwareentwicklung und überall dort, wo der Kreativanteil groß ist. Die traditionellen Methoden der Zeitplanung kommen hier an ihre Grenzen. Zu stark sind diese auf Analysen angewiesen und gerne erfordert ihre Anwendung zudem einen Formalismus, der einem kreativen Geist nicht abverlangt werden kann – und auch nicht sollte.

Vor diesem Hintergrund gibt es kein generelles Richtig oder Falsch bei der Auswahl von Methoden zur Zeitplanung für ein Projekt. Die Vielfalt der Herausforderungen und Möglichkeiten von Projekten akzeptierend, muss man Projekt für Projekt entscheiden, welche Methoden im Einzelfall zielführend sind.

Mit dieser Brille und unter der Annahme, dass Projekte in Marketing und Kreation einen hohen Anteil an Erfindung und Entwicklung haben, beschränkt sich dieses Kapitel zur Zeitplanung auf fundamentale Konzepte, die eine hohe Varianz und Flexibilität im Vorgehen lassen.

10.1 Die Phasen eines Projekts

Zeit kann grob in Phasen unterteilt werden. Teilt man ein Projekt in generische Phasen, sind das z.B. die Initiierung, die Durchführung und der Abschluss. Initiierung und Abschluss sind aus Sicht des Projektmanagements sehr relevante Phasen (siehe dazu z.B. das Kapitel 13). Die Leistungserstellung während der Durchführungsphase folgt wiederum einer spezifischen Logik, die von Branche zu Branche unterschiedlich ist.

> **Beispiele**
>
> Softwareprojekte arbeiten oft in einer Abfolge von Analyse, Design, Implementierung und Test. Auch für Projekte im Marketing ist ein ähnlicher Zyklus von Konzeption, Design (konkreter Maßnahmen), Realisierung und Qualitätscheck bzw. Ergebniskontrolle naheliegend. Vielleicht gibt es bei größeren Aktionen auch eine Pilotierungsphase, in der eine Kampagne etwa nur in einer Stadt ausprobiert wird, bis dann die Phase des großen Rollouts beginnt.

Der Phantasie bei der Gestaltung von Phasen sind keine Grenzen gesetzt; ihre Definition folgt aber meist einer zeitlichen oder inhaltlichen Logik. Mit der Einteilung in Phasen kann auch eine unterschiedliche Gewichtung von Zielen einhergehen.

> **Beispiel**
>
> In der Pilotierung einer Kampagne sind Feedback und Kundenbeobachtung besonders wichtig, in der Initiierung eines Projektes geht es stark um das Schaffen von Rahmenbedingungen. Die Rollout-Phase einer Kampagne kann dann stark auf Geschwindigkeit getrimmt sein, während in der Projektdurchführung eines anderen Auftrags der Fokus mehr auf Kosteneffizienz liegt.

Die Einteilung in Phasen kann so nicht nur helfen, im Zeitplan einen Gesamtüberblick über die Entwicklung des Projektes zu halten. Sie kann auch auf eine simple Art Verständnis für Prioritäten vermitteln und die Geschichte des Projektes von dessen Anfängen bis zum Abschluss erzählen.

10.2 Vernetzte Balkendiagramme

Die wohl am weitesten verbreitete Methode zur Zeitplanung in Projekten ist das vernetzte Balkendiagramm, auch **Gantt Chart** genannt. Es zeigt die Vorgänge eines Projektes und deren Abhängigkeiten auf einer Zeitachse. Die Tätigkeiten werden darin mit Kalenderdaten verknüpft. So kann ermittelt werden, zu welchen Terminen welche Vorgänge starten oder enden müssen

und wie lange das gesamte Projekt dauert. Um so einen Zeitplan zu erstellen, braucht es nur eine überschaubare Anzahl von Elementen.
- **Vorgänge:** Ein Vorgang ist in der Regel eine Tätigkeit innerhalb eines Arbeitspaketes. Im vernetzten Balkendiagramm wird er als Rechteck dargestellt, dessen Länge von seiner Dauer abhängt. Der Balken ist umso breiter, je mehr Tage für den Vorgang eingeplant werden. Dabei muss berücksichtigt werden, dass nur die zeitliche Ausdehnung in Kalendertagen dargestellt wird. Ob also an einem Vorgang eine Person oder mehrere arbeiten, wird in diesem Zeitplan nicht sichtbar.

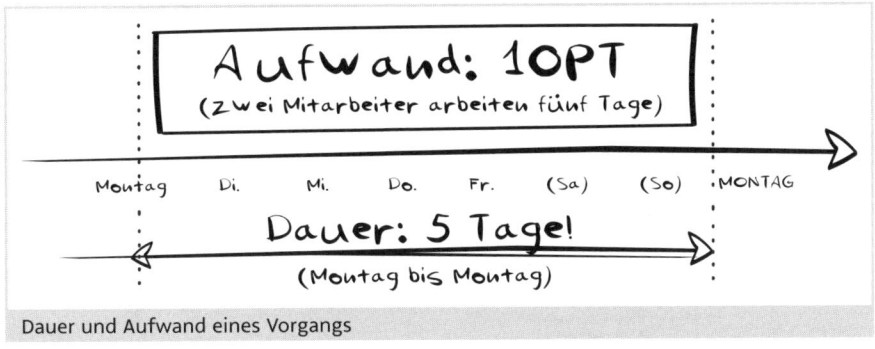

Dauer und Aufwand eines Vorgangs

- **Meilensteine:** Eine Sonderform sind Meilensteine. Sie haben weder Aufwand noch Dauer und markieren ein Ereignis im Zeitplan wie eine Nadel in einer Pinnwand oder Wegmarken. Meilensteine können eingesetzt werden, um wichtige Termine im Projektverlauf zu markieren, so z.B. eine Frist oder das Ende einer Phase im Projekt.

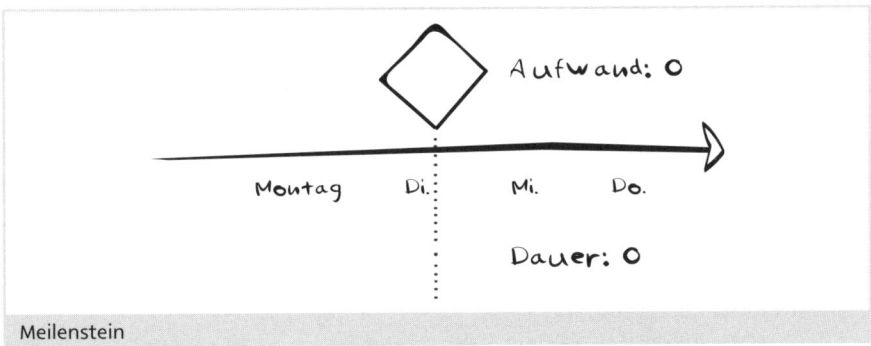

Meilenstein

Vorgänge und Meilensteine stehen in Abhängigkeit zueinander. Viele Tätigkeiten können erst beginnen, nachdem ein Vorgänger abgeschlossen ist, oder liefern ein Ergebnis, mit dem ein Nachfolger weiterarbeiten soll. Die Abhängigkeiten lassen sich prinzipiell in alle vier möglichen Richtungen bilden.

Zeit und Ablauf

Abhängigkeiten	
Ende – Anfang	Vorgang 1 muss abgeschlossen werden, damit Vorgang 2 beginnen kann.
Anfang – Anfang	Vorgang 1 und 2 können gemeinsam starten.
Ende – Ende	Vorgang 1 und 2 enden gemeinsam.
Anfang – Ende	Vorgang 1 muss beendet sein, wenn Vorgang 2 beginnt.

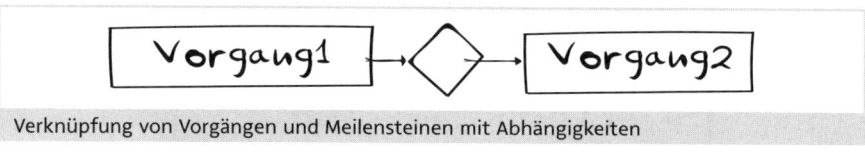

Verknüpfung von Vorgängen und Meilensteinen mit Abhängigkeiten

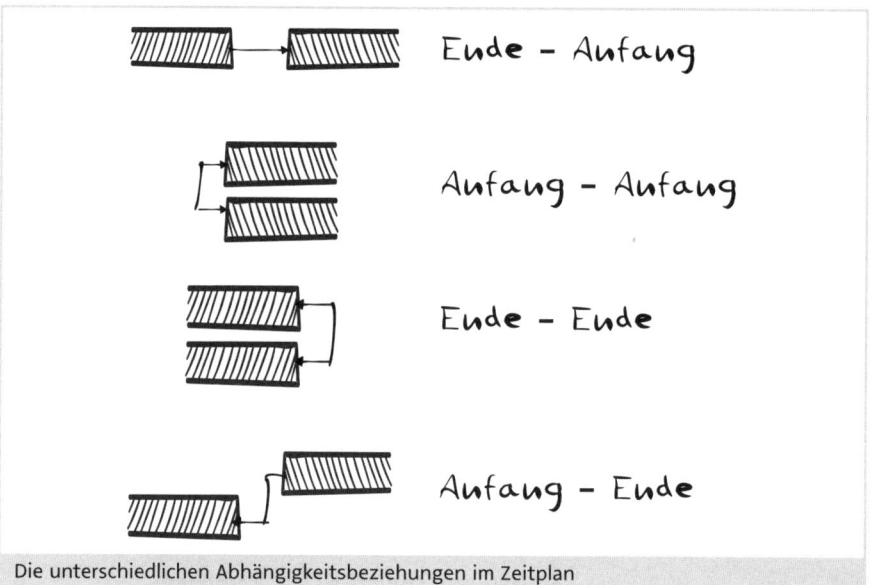

Die unterschiedlichen Abhängigkeitsbeziehungen im Zeitplan

Nachdem die Vorgänge mit Abhängigkeiten verknüpft sind, können die Start- und Endzeitpunkte kalkuliert werden. Beginn und Ende des gesamten Projektes werden so berechenbar.

- Bei der **Vorwärtsplanung** geht die Berechnung von einem Startzeitpunkt aus. Die Frage ist dann z. B.: »Wenn wir heute beginnen, wann ist das Projekt (frühestens) abgeschlossen?«
- Bei der **Rückwärtsplanung** wird der umgekehrte Weg eingeschlagen: »Wenn wir am 31. Dezember fertig sein müssen, wann muss das Projekt (spätestens) starten?«

Vernetzte Balkendiagramme 10

Um den **Zeitplan eines Projektes zu straffen**, kann versucht werden, Vorgänge zu parallelisieren. Zudem kann untersucht werden, welche Vorgänge schneller abgeschlossen werden können, wenn die Ressourcen dafür erhöht werden. Während das Parallelisieren von Vorgängen durch geschickte Planung von Zeit und Arbeitspaketen möglich wird, verursacht die Erhöhung von Ressourcen unweigerlich Mehrkosten (siehe hierzu das Kapitel 2.2).

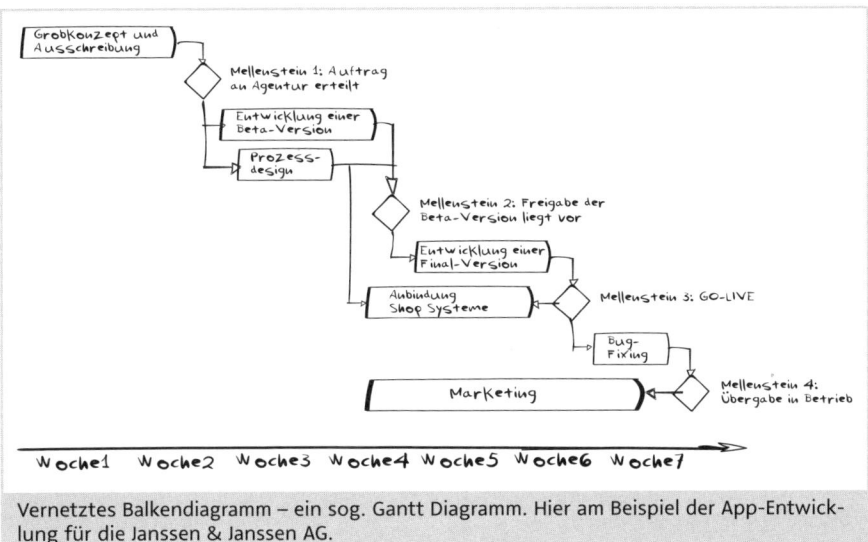

Vernetztes Balkendiagramm – ein sog. Gantt Diagramm. Hier am Beispiel der App-Entwicklung für die Janssen & Janssen AG.

In der Grafik sehen Sie ein vernetztes Balkendiagramm für die Entwicklung der Kunden-App der Janssen & Janssen AG:
- Die vier Meilensteine markieren wichtige Ereignisse bzw. Fortschritte im Projekt.
- Eine Beta-Version der App wird parallel zum Prozessdesign entwickelt; das spart Zeit.
- Die Anbindung der Shop-Systeme muss fertig sein, wenn die App live geht; deswegen existiert eine Anfang-Ende-Beziehung.
- Auch die Termine des Marketings sind vom Verkaufsstart abhängig; die Maßnahmen müssen vorbereitet und angelaufen sein, wenn die App in Betrieb geht. Auch hier gibt es daher eine Anfang-Ende-Beziehung.

10.3 Critical Chain

Es ist gar nicht so ungewöhnlich, dass eine neue Sichtweise ein Problem plötzlich in ganz neuem Licht erscheinen lässt. So ging es z.B. auch vielen Projektmanagern, die mit ihren Projektplänen kämpften und daran schier verzweifelten. Viel Denkarbeit und Abstimmung war in die Initiierung des Projektes investiert worden, um alle Eventualitäten zu berücksichtigen und alle möglichen Probleme von vornherein auszuschließen oder sie zumindest zu erkennen. Die ganze Planung war endlich in einem Zeitplan aufgegangen, der minutiös elaboriert war und – wenn auch mit vielen Kompromissen – einen perfekten, oder zumindest vernünftigen Weg durch das Projekt zeigte. Der kritische Pfad war soweit wie möglich eingekürzt und die Reise konnte beginnen. Und trotzdem setzten am ersten Tag des Projekts die kleinen Abweichungen ein; wichtige Übergabepunkte in der zukünftigen Planung wurden zunehmend unwahrscheinlich, kleine Engpässe von Ressourcen verursachten große Verzögerungen. Mehr und mehr bröckelte das liebevoll errichtete Planungskonstrukt und wurde zunehmend fragil.

In jedem komplexen System gibt es eine Ressource, deren Kapazität die Leistungsfähigkeit des Gesamtsystems in einer bestimmten Situation beeinflusst. Alle anderen Ressourcen liefern ihr entweder zu, oder warten auf Ergebnisse von ihr. Herrscht an dieser Stelle ein Engpass, sind also alle anderen davon beeinträchtigt.

Nicht allzu überraschend wurde deswegen in den 1990er Jahren die Idee geboren, Projektplanung doch mal andersherum zu denken: Warum nicht den Engpass als Normalfall akzeptieren, anstatt ihn zu bekämpfen?

> **!** **Beispiele**
> Ob die Tankfüllung des Autos noch bis zum Ziel reicht? Ist noch genug Druckerpapier da? Kann die Grafikabteilung das noch diese Woche bearbeiten? Wie viele Seiten pro Tag schafft der Texter?

Was genau die Engpassressource ist, kann schnell wechseln. In den Beispielen oben lässt sich beliebig Benzin durch Ölstand, Druckerpapier durch Toner, Grafikabteilung durch Druckerei, Texter durch Lektor oder Setzer tauschen – das Problem des Engpasses jedoch bleibt.

Die neue Idee war jetzt, die komplette Planung von den Engpässen aus zu denken. Nicht ein gleichmäßiger Projektplan, der alle Ressourcen optimal auslastet, sollte erstellt werden, sondern einer, der genau die Engpassressourcen maximal auslastet. Denn ihre Leistungsfähigkeit ist die Stellschraube für das ganze System. Diese **Theory of Constraints** entwickelte sich in der Produktionsindustrie, wo die optimale Auslastung von Maschinen und Fließbändern elementar ist. Sie wurde schnell auch für Projekte adaptiert als **Critical Chain Projektmanagement**.

Die Grundsätze der Theory of Constraints gelten auch hier.

Umgang mit Engpässen	
Schritt 1	Engpässe identifizieren
Schritt 2	Engpässe voll auslasten
Schritt 3	Alle anderen Vorgänge den Engpässen unterordnen
Schritt 4	Die Engpässe beseitigen

Engpässe können beseitigt werden, indem z. B. weitere Mitarbeiter eingestellt werden, neue Technologie angeschafft oder ein Dienstleister gefunden wird, der die Arbeit abnehmen kann. Sobald der erste Engpass behoben ist, wird sich eine neue Ressource als Engpass herausstellen. Alles beginnt dann wieder bei Schritt 1. So steigt kontinuierlich die Leistungsfähigkeit des Gesamtsystems, indem eine Restriktion nach der anderen beseitigt wird.

Soweit die Theorie – für die Praxis in Projekten lassen sich vier Konzepte aus der Theory of Constraints ableiten, die relativ einfach übernommen werden können:

- Die **Engpassressourcen geben den Takt an**. Wenn sich eine Abteilung oder einige Mitarbeiter als kritische Ressource herausstellen, dann wird die Planung ihren Bedürfnissen untergeordnet. Ziel ist es, sie optimal auszulasten und so Verzögerungen oder Verluste zu vermeiden. Damit wird die Engpassressource zum Taktgeber des Projektes. Alle anderen Vorgänge des Projektes werden zur Zulieferkette und müssen so abgepuffert werden, dass die Vorleistung auf jeden Fall bereitliegt, wenn die Engpassressource mit der Arbeit daran beginnt.
- Bei dieser Vorgehensweise ist es plötzlich nicht mehr der Projektleiter, der in seiner Planung festlegt, wann ein Vorgang beginnen soll, sondern die Engpassressource bestimmt, wann eine nachfolgende Tätigkeit beginnen kann. Das stellt die herkömmliche Planungsphilosophie auf den Kopf. Bildlich gesprochen wird das Projekt jetzt im **Staffelläuferprinzip** durchgeführt. Das bedeutet, dass die kritischen Tätigkeiten sofort und ohne Zögern und Ablenkung erledigt werden. Weiß ein Mitarbeiter, dass demnächst eine solche Tätigkeit auf ihn zukommt, dann bereitet er sich

vor, hält still und wartet ab, bis er »den Staffelstab« übergeben bekommt. Das klingt logisch, steht aber im Widerspruch zu der Arbeitshaltung allgemeiner Betriebsamkeit, nach der jedermann zu jeder Zeit möglichst beschäftigt sein sollte. Wer auf die Staffelübergabe wartet, ist dagegen alles andere als betriebsam, sondern räumt den Schreibtisch auf, trinkt Kaffee, meditiert oder geht mal früher nach Hause und sammelt Kräfte, damit er fit für den folgenden Spurt ist.

- Der Projektpuffer wird im Critical Chain Projektmanagement soweit wie möglich aus den Vorgängen entfernt. Durch das Staffelläuferprinzip sind es nicht mehr Termine, die über die Übergabepunkte von Arbeit bestimmen, sondern nur noch die Fertigstellung der Arbeit selber. Zeitpuffer finden sich nur noch an Zuliefervorgängen, damit sie auch sicher fertig sind, bevor sie die Engpassressource erreichen. Der restliche **Zeitpuffer wird an das Ende des Projektes gestellt** und kann von allen Vorgängen angefordert werden, die ihn benötigen.
- Das ganze Projekt konzentriert sich auf die kritischen Tätigkeiten. Zusammen mit dem Staffelläuferprinzip wird dadurch **Multitasking reduziert**. Die Leistungserstellung kann über die kritischen Schritte ohne Ablenkung und Verluste durchlaufen. All die kleinen Zeitfresser, wie z. B. kurze Telefonate, unproduktive Meetings, schnell mal eine E-Mail beantworten oder nur mal eben im Internet was nachsehen, werden dort ausgeschaltet. Das kann aber nicht für alle Vorgänge und Mitarbeiter im Projekt gelten, denn es muss ein Spielraum bleiben, um Kreativität zu erlauben. Wer aber an kritischen Vorgängen arbeitet, weiß das und steht im Spotlight. Das alleine schafft schon ein deutliches Plus an Produktivität.

> **!** **Wichtig**
> Diese Methode sollte nicht überreizt werden. Sie eignet sich, um Projekte auf hohe Geschwindigkeit zu bringen, erfordert aber einen Wandel im Verständnis von Planung und Arbeit. Das ist eine Veränderung in der Kultur der meisten Teams (siehe hierzu das Kapitel 14.1). Den Phasen der Anspannung und Sprints mit dem Staffelstab müssen auch Phasen der Entlastung folgen, sonst macht die Mannschaft ziemlich schnell schlapp.

10.4 Timeboxing

Timeboxing ist eine Methode für streng iteratives Vorgehen (siehe hierzu näher das Kapitel 8.2). Es bietet sich dann an, wenn der Auftrag einen so variablen und dynamischen Rahmen setzt, dass das Ergebnis nicht schon zu Projektbeginn geplant werden kann oder soll. Die Iterationen werden dabei als Timeboxes bezeichnet. Zu deren Beginn wird immer wieder aufs Neue festgelegt, was in den nächsten Tagen oder Wochen verwirklicht werden soll.

Es hat sich bewährt, für die Dauer einer Timebox den Leistungsumfang einzufrieren und währenddessen keine weiteren Änderungen oder Zusatzanforderungen zuzulassen. Das Projektteam agiert so in einem Rahmen der Stabilität, innerhalb dessen sich die Annahmen und Anforderungen nicht ändern. Das schafft Inseln der Ruhe und Verlässlichkeit – eine Voraussetzung für konzentriertes Arbeiten. Nicht ohne Grund werden Timeboxes auch als Sprints bezeichnet.

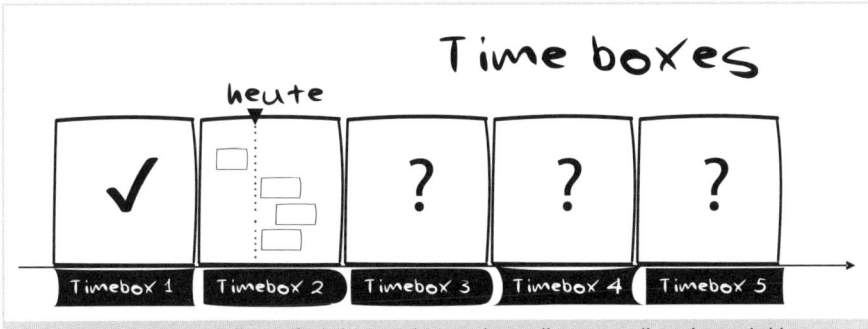

Beim Timeboxing wird die Laufzeit in Iterationen eingeteilt. Im Detail geplant wird immer nur die unmittelbar nächste Timebox.

Timebox, Iteration und Sprint

Die Begriffe Timebox, Iteration und Sprint werden oft synonym verwendet. Sie bezeichnen alle ein Zeitintervall innerhalb einer Gesamtlaufzeit eines Projektes.

11 Überwachung und Steuerung

Es ist ein großartiger Moment, wenn nach langer Vorbereitung endlich alle Pläne geschrieben, Ziele und Auftrag geklärt sind, das Team steht, jeder weiß, was zu tun ist, und das Projektbudget freigegeben ist. Von Ruhe und Entspannung für den Projektleiter kann dann aber keine Rede sein, denn seine Arbeit beginnt jetzt erst richtig spannend zu werden. Neue Wünsche der Kunden oder des Auftraggebers, Pannen, Verzögerungen, Ausfälle – all das sind nicht nur entfernte Risiken, sondern normaler Alltag. Um all dies rechtzeitig aufzufangen und mit der Realität des Projektes Schritt zu halten, ist Projektcontrolling, also Überwachung und Steuerung, notwendig.

Dessen Aufgabe ist kein reiner Zahlenvergleich und hat auch nichts mit Misstrauen gegenüber den Mitarbeitern zu tun. Es geht dabei vielmehr darum, Tendenzen, Abweichungen und Risiken früh zu erkennen.

Der US-Präsident und General Dwight D. Eisenhower sagte einst: »Ein Plan ist wertlos, Planung ist alles«. Der Schriftsteller und preußische Generalfeldmarschall Helmuth von Moltke schrieb schon lange vor ihm: »Kein Plan überlebt die erste Schlacht«. Was die beiden Militärstrategen bereits zu ihrer Zeit erkannt hatten, war, dass Pläne immer nur Fiktion sind. Sie fußen auf einem Bild der Realität, wie wir es als Planer zum Zeitpunkt der Erstellung der Pläne wahrgenommen haben. Darauf bauen sie eine Prognose für die Zukunft, die meist stark davon eingefärbt ist, wie wir sie gerne hätten (siehe hierzu auch das Kapitel 6.6.8). Die eigentliche Umsetzung ergibt sich erst aus dem kontinuierlichen Vorgang der Planung, aus dem regelmäßigen Anpassen und Verbessern der Pläne.

Die Aufgabe von Controlling im Projekt ist also ein ständiger Faktencheck: Spiegeln unsere Pläne noch die Realität wider? Sind wir noch auf Kurs? Wo haben sich Abweichungen gegenüber dem Plan ergeben? Bei Planabweichungen gibt es dann nur zwei Möglichkeiten.
- **Variante 1:** Es wird nachgesteuert und die Probleme, die für die Abweichung ursächlich sind, werden beseitigt (siehe hierzu auch das Kapitel 6.6.6).
- **Variante 2:** Der Plan muss angepasst werden.

Abweichungen oder Erweiterungen betreffen selten nur einen Plan isoliert, denn die verschiedenen Pläne eines Projektes sind alle voneinander abhängig (siehe hierzu auch das Kapitel 2.2): Eine Verzögerung im Zeitplan hat meist auch Kostenabweichungen zur Folge; eine Änderung des Leistungsumfangs hat Auswirkungen auf fast alle Pläne.

Überwachung und Steuerung

11.1 Projekt Cockpit

Projektcontrolling funktioniert nur, wenn Pläne nicht etwa in den Schubladen verschwinden, sondern jederzeit im Blick sind, und zwar im wahrsten Sinne des Wortes. Hierzu kann z. B. ein Informative Workspace für die Projektleitung in einem eigens dafür vorgesehenen Besprechungsraum eingerichtet werden (siehe Kap. 6.6.5). Wie in einem Cockpit werden dort die Pläne zu den verschiedenen Dimensionen des Projektes aufgehängt. An eine Wand kommen die Zeit- und Kostenpläne, an eine andere die Leistungsbestandteile und Fertigstellungsgrade. An einer dritten Wand werden die Stakeholderanalyse und der Kommunikationsplan befestigt. Auch die Risiken sollten einen gut sichtbaren Platz haben, um nicht aus dem Fokus zu geraten. Dieses Cockpit wird so zur echten Steuerzentrale des Projektes; hier finden auch die Meetings zum Projekt statt.

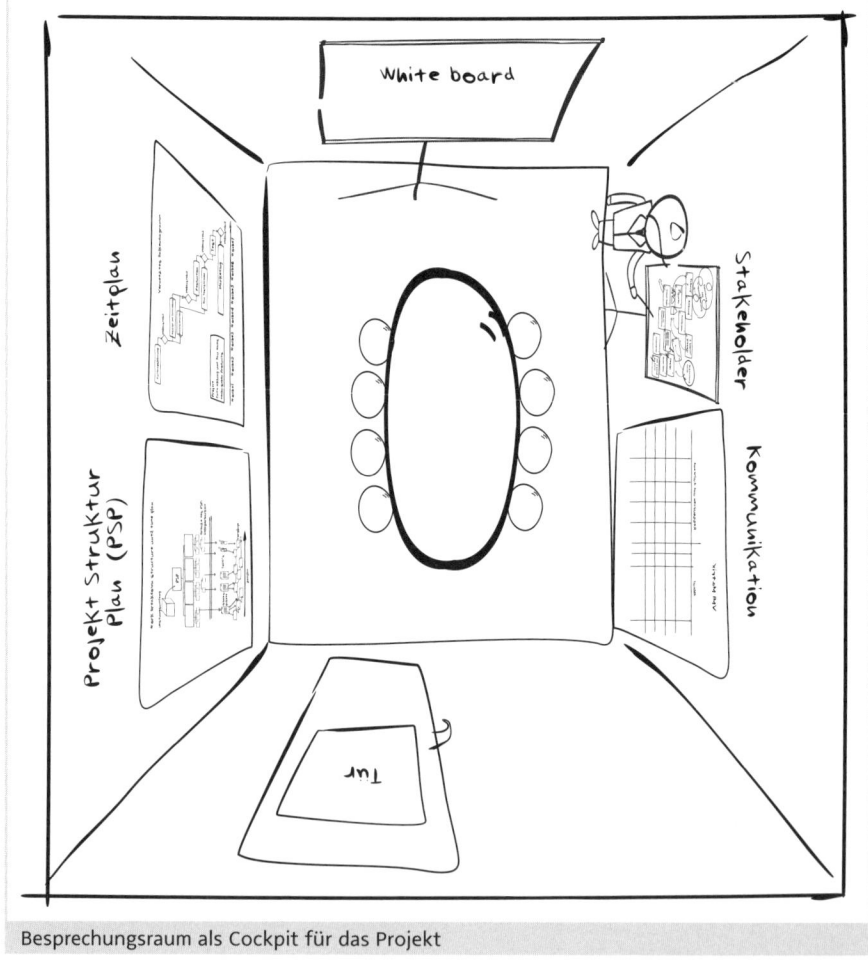

Besprechungsraum als Cockpit für das Projekt

Ob es die Raumsituation hergibt, einen eigenen Raum während der Projektlaufzeit mit Plänen zu tapezieren oder nicht: In jedem Fall müssen Ereignisse in ihren Einflüssen auf alle Pläne betrachtet werden, genauso wie alle Steuerungsmaßnahmen hinsichtlich ihrer Wirkung auf die verschiedenen Pläne geprüft werden müssen. Die parallele Darstellung der Pläne hilft dabei.

11.2 Soll-Ist-Analysen

In der Betriebswirtschaft wird die Messung von Abweichungen zu einem Plan und die Einleitung von Gegenmaßnahmen als ein Kernkonzept des Controllings verstanden. In Projekten sind es die Eckpunkte des Dreiecks des Projektmanagements – Zeit, Kosten und Leistung –, die genau beobachtet werden müssen, damit kein Ungleichgewicht entsteht und Abweichungen früh erkannt werden.

Es gibt eine große Anzahl an Methoden zur Fortschrittsgradmessung, Terminüberwachung und Kostenverfolgung. Jede davon hat ihre Vor- und Nachteile bzw. passt besser oder schlechter auf bestimmte Branchen, Projektarten und -größen. Am Ende liegt es auch an den Vorlieben eines Projektmanagers, mit welcher Methode er am besten zurechtkommt, und an dem Umfeld und Auftraggeber des Projektes, welche Berichte und Daten gefordert werden.

11.2.1 Earned Value Analyse

Die Earned Value Analyse ist ein historisches Schwergewicht unter den Projektcontrolling-Methoden, ausgestattet mit einem gewaltigen Kennzahlensystem und sperrig in der Anwendung. Obgleich sie zwar in voller Anwendung für kleine und dynamische Projekte kaum passend und hilfreich ist, lässt sich an ihr anschaulich die besondere Schwierigkeit des Projektcontrollings demonstrieren.

In den Planungen des Projektes wird – ausgehend vom Projektstrukturplan über Arbeitspakete, Vorgänge bis hin zur Zeitplanung – die Leistung in kleine Teile zerlegt und festgelegt, wann jedes davon bearbeitet werden und abgeschlossen sein soll. Jetzt stellt man sich vor, dass in einem Projekt auf der einen Seite Aufwand investiert wird, der sich auf der anderen Seite im wachsenden Wert des Leistungsgegenstandes widerspiegelt. Es werden also laufend Geld und Arbeit in das Projekt gesteckt, und damit steigt der Wert des Projektergebnisses analog der Kosten an. Der Kern der Earned Value Analyse ist es nun, die Arbeitspakete, die abgeschlossen sind, als Wertsteigerung zu verbuchen, und zwar in der Höhe, in der für sie ursprünglich Aufwand geplant war. Ist also ein Arbeitspaket von 35 PT abgeschlossen worden, steigt der Projektwert damit um dieselbe Summe. Wird es erst später als geplant abgeschlossen, kann der Wert auch erst später gutgeschrieben werden (vergleiche dazu das Kapitel 9.4). Musste mehr Aufwand investiert werden, sind das Mehrkosten, wobei die Wertsteigerung des Projektes jedoch auf 35 PT beschränkt bleibt. Änderungen wie diese sind die Praxis, denn die Leistungserstellung vollzieht sich meist anders als geplant. So passiert es z.B., dass für einige Arbeitspakete weit mehr Aufwand benötigt wird, als ursprünglich geschätzt wurde. Und andere Dinge brauchen einfach länger als geplant und können dadurch erst verspätet dem Projektwert zugerechnet werden. Dann zeigt sich eine Situation wie in der folgenden Grafik: Die tatsächlichen Kosten übersteigen den geplanten Aufwand und der dabei geschaffene Projektwert bleibt hinter der Planung zurück.

In der Grafik sind die Kosten als Balken dargestellt: die bereits angefallenen als schwarz umrandete Balken, die zukünftigen gestrichelt. Die geplanten Kosten steigen als Linie bis zu 100% des geplanten Projektwertes an.

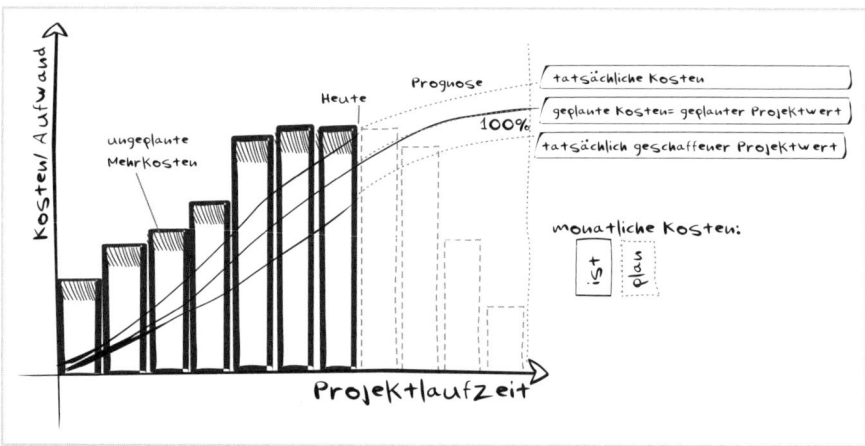

Die Kernidee der Earned Value Analyse: Vergleich des kontinuierlich ansteigenden Projektwerts mit den tatsächlichen und geplanten Kosten.

Die Earned Value Analyse baut darauf auf, dass die Leistung des Projektes gründlich in Arbeitspakete zerlegt ist und der nötige Aufwand zuverlässig geschätzt wurde. Das kann funktionieren, wenn die Unsicherheit in der Planung gering ist und das Projekt wenig Umwelteinflüssen oder Änderungen unterliegt. Zudem sollte der Projektleiter Spaß an mathematischen Berechnungen und einem elaborierten Kennzahlensystem haben.

Die Earned Value Analyse ist dennoch in jedem Fall ein gutes Anschauungsbeispiel für einige übergeordnete Aspekte in der Projektarbeit, die für jedes Projektcontrolling relevant sind:
- **Abweichungen im Projekt entstehen früh,** wahrscheinlich schon am ersten Arbeitstag. Sie müssen von Anfang an erkannt, analysiert und angegangen werden, weil sie sich sonst über die Projektlaufzeit zu nicht mehr korrigierbaren Folgen auswirken können. Das zeigen die Kostenkurven in der Grafik oben sehr deutlich: Sie liegen zu Beginn noch eng beieinander und streben im weiteren Projektverlauf stark auseinander.
- Die Divergenz zwischen dem ursprünglich geplanten Aufwand und dem, was dann tatsächlich in ein Projekt investiert wird, kann groß werden. Wenn dann auch noch der **Wert des Projektes zu hoch angesetzt** wurde, dann kippt der Business Case des Projektes schnell ins Negative. Der Unterschied zwischen investiertem Aufwand und Projekt(verkaufs)wert ist die Marge des Unternehmers, der Auftragnehmer eines Projektes ist.
- Zeitverzögerungen bei der Fertigstellung können **empfindliche Kosten sowohl für den Auftraggeber als auch für den Auftragnehmer** nach sich ziehen. Der eine erhält sein Ergebnis später und kann es dann erst nutzen oder kapitalisieren. Der andere muss während des Verzuges weiterhin Aufwand investieren und hat sein Team in einem Auftrag gebunden, der schon längst abgeschlossen sein sollte, während er keine neuen Aufträge bearbeiten kann.

11.2.2 Projektcontrolling mit Bordmitteln

Bei kleineren und mittleren Projekten kann die Überwachung von Fortschritt und Abweichungen auch sehr pragmatisch mit Bordmitteln gelöst werden.
- Die **Fertigstellung der Leistung** lässt sich ganz gut im PSP (siehe hierzu Kapitel 8.1) darstellen. Dazu werden die einzelnen Elemente bis hin zu den Arbeitspaketen mit Fertigstellungsgraden versehen. Eine einfache Skala reicht meistens aus.

Fertigstellung in %	Was bedeutet die Zahl?
0	Noch nicht gestartet
25	Arbeit hat begonnen
50	Erste Ergebnisse liegen vor
75	Arbeit abgeschlossen, Abnahme oder Qualitätscheck fehlt noch
100	Arbeit abgeschlossen und abgenommen

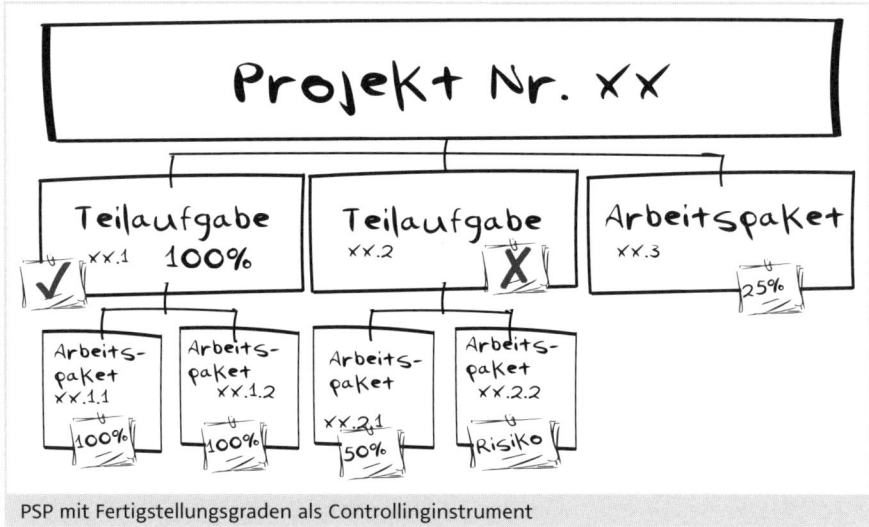

PSP mit Fertigstellungsgraden als Controllinginstrument

- Der **terminliche Fortschritt** kann im Zeitplan dargestellt werden, indem Vorgänge farblich gekennzeichnet werden, je nachdem, ob sie planmäßig laufen oder im Verzug sind.

Damit sind zwei wichtige Aspekte schnell visualisiert. Sie erlauben eine Einschätzung des Projektstatus auf einen Blick. Allerdings fehlt dann noch die Kostenseite. Zudem sollten alle drei Eckpunkte des Dreiecks immer auch in Zusammenhang miteinander gesetzt werden.

Hier kann jedoch bereits eine einfache Liste Abhilfe schaffen. Je Arbeitspaket oder Vorgang werden darin die Plan- und die Ist-Werte miteinander verglichen, jeweils hinsichtlich Terminen (Zeit), Aufwand (Kosten) und Fertigstellung (Leistung). Die relevanten Daten müssen vom jeweiligen Verantwortlichen eines Arbeitspakets angefordert werden. Zudem sollte er um eine persönliche Einschätzung zum Status gebeten werden. Dabei sollte explizit auch die Frage gestellt werden, wie er den Restwert einschätzt, also welchen Termin zur Fertigstellung des Arbeitspakets er für realistisch hält, und wie viel Aufwand bis dahin noch anfallen wird. Mit dieser Information zum Restaufwand lässt sich frühzeitig erkennen, ob die Planung des Arbeitspakets verlässlich ist. Im besten Fall stellt sich heraus, dass das Ergebnis früher vorliegen und weniger Aufwand verursachen wird, als ursprünglich geschätzt. Meistens ist es leider andersherum. In jedem Fall beginnt nun die Anpassung der Planungen.

Soll-Ist-Analysen 11

Vorgang / Arbeitspaket	Termine		Aufwand			Fertigstellung		Bewertung des AP Verantwortlichen
	ursprüngl. Plan	aktuelle Prognose	Plan	Ist	Verbrauch	%		
~~Konzeptentwicklung~~	~~01. Apr~~	~~01. Apr~~	~~25 PT~~	~~25 PT~~	~~100%~~	~~100%~~		~~abgeschlossen~~
Entwicklung Beta-Version	15. Mrz	15. April (!)	10 PT	15 PT	150 % (!)	75%		Status: rot
Anbindung Shop-Systeme	01. Jun	20. Mai	50 PT	25 PT	50%	50%		Status: grün
Marketing	30. Aug	30. Aug	20t €	18t €	90%	75%		Status: gelb

Plan-Ist-Abgleich mit einfacher Excel-Tabelle

11.2.3 Burn Down Charts

Ein Burn Down Chart ist eine Methode, um den Arbeitsfortschritt eines Projektes zu tracken. Auf einem Diagramm werden links in die Höhe die summierten PT oder Story Points eingetragen, nach rechts in die Breite die Tage bis zum Projektende oder die Dauer des Sprints. Eine gerade Linie von der Summe des bevorstehenden Aufwands am Tag 1 bis zum letzten Tag zeigt an, wie viel Aufwand pro Tag im Idealfall erledigt werden muss. Täglich wird dann eingetragen, wie viel geschafft wurde. So zeigt sich sehr schnell, ob bei der aktuellen Performance die Arbeit bis zum Endtermin geschafft sein wird.

Das Burn Down Chart eignet sich in Verbindung mit Kanban-Boards (siehe hierzu das Kapitel 8.5) gut als simple und plastische Controllingmethode, die das gesamte Team bei täglichen Meetings gemeinsam aktualisieren kann.

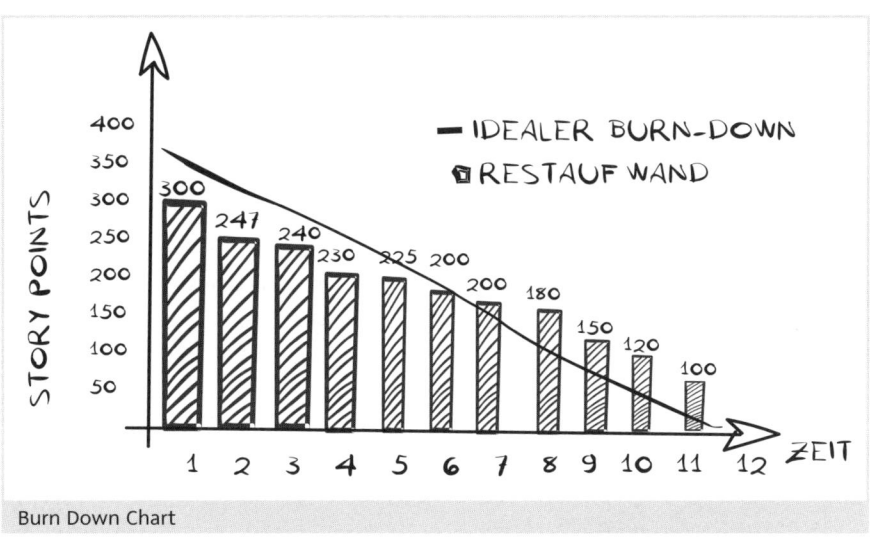

Burn Down Chart

11.3 Puffer

Puffer sind wie das Fettgewebe eines Projektes. An den richtigen Stellen platziert fühlt es sich gut an und ist auch schön anzusehen, zu viel davon kann aber schädlich sein und verlangsamen. Projekte »rennen« dann z.B. nicht mehr so schnell wie bei der Konkurrenz; sie werden träge. Was einem Projekt in seiner Jugend noch wohlwollend an Pölsterchen zugestanden wird – es ist ja schließlich noch in der Entwicklung und wächst deswegen noch – wird im Alter ziemlich unschön und ist schwer wieder in den Griff zu bekommen.

11.3.1 Zeit- und Kostenpuffer

Ohne Frage braucht es Puffer in Projekten, und zwar Zeitpuffer und Kostenpuffer. Die Frage ist allerdings, an welcher Stelle und wie viele.

Zeit- und Kostenpuffer werden in die Projektplanung einkalkuliert. Hinter Vorgänge, die bei kritischer Betrachtung etwas länger dauern könnten, oder vor wichtigen Meilensteinen kommen ein paar Tage Puffer in den Zeitplan. Für Arbeitspakete oder besser für übergeordnete PSP-Elemente werden einige zusätzliche Personentage oder Euro für Aufwands- oder Kostenüberschreitungen eingestellt. Das alles sind sinnvolle Puffer, die wohlproportioniert an den richtigen Stellen der Projektplanung sitzen und ihr zur Zierde gereichen.

Es gibt aber auch die kleinen fiesen Puffer, die zur Last werden können. Die Misere beginnt mit dem Schätzen von Dauer und Aufwand der Vorgänge. Im Zweifel tendieren wir dazu, noch einen Tag draufzulegen oder aufzurunden, um auf der sicheren Seite zu sein. Ein Konzept, das wahrscheinlich in vier Tagen erstellt werden kann, »wenn nichts dazwischenkommt«, wird so mit einer ganzen Arbeitswoche eingeplant. Statt bis Donnerstag wird es dann lieber bis Anfang der nächsten Woche versprochen: »Am Montag hast du es!« Der Projektleiter legt noch ein wenig Puffer auf das gesamte Arbeitspaket und der Projektendtermin wird auch noch abgesichert. Die Folge davon ist, dass auf mehreren Ebenen im Projekt Puffer in die Planungen eingebaut werden. Allerdings liegen die meisten dieser Puffer nicht in den Händen des Projektleiters, sondern in denen der Arbeitspaketverantwortlichen und der Experten, welche die jeweiligen Vorgänge bearbeiten. Dort werden sie gnadenlos zum Opfer zweier Phänomene der Arbeitsplanung:
- **Parkinsons Law** besagt, dass eine Arbeit sich in dem Rahmen ausdehnt, der für sie zur Verfügung steht. So kann das Gestalten einer Telefonliste im Projektoffice in 30 Minuten erledigt sein, aber auch einen ganzen Tag in Anspruch nehmen.

- Das **Studentensyndrom** bezeichnet das wohlbekannte Phänomen, dass eine Arbeit frühestens zu ihrem letztmöglichen Abgabezeitpunkt fertig wird, nie früher, eher später.

Diese beiden Phänomene des menschlichen Arbeitens sind der Grund, warum der Mikropuffer auf der Ebene der Arbeitspakete und darunter regelmäßig einfach so verschwindet.

Einen Weg aus dieser Misere schlägt die Critical Chain Theorie (siehe hierzu auch das Kapitel 10.3) vor, indem sie die Bildung eines gemeinschaftlichen Projektpuffers für alle Arbeitspakete empfiehlt, um die in Puffern gebundene Zeit und Ressourcen radikal zu reduzieren. Der Trick dabei ist, dass alle Vorgänge und Arbeitspakete ihren Puffer quasi zugunsten eines Gemeinschaftskonto des Projektes abgeben. Die Arbeiten werden realistisch, aber sportlich geschätzt. Puffer werden jedoch nicht mehr mit einem einzelnen Vorgang verknüpft, sondern im Gesamtpuffer gesammelt. Nur noch kritische Meilensteine bekommen einen eigenen Zeitpuffer. Das Gemeinschaftskonto wird vom Projektleiter verwaltet, der so die Hoheit über die Puffer in seinem Projekt erhält.

> **Achtung**
> Dieser Ansatz kann nur funktionieren, wenn die Teammitglieder ausreichend Vertrauen zu ihrem Projektleiter haben und jederzeit Puffer abrufen können, ohne Sanktionen befürchten zu müssen. Dann jedoch sind die Chancen gut, dass die Rechnung aufgeht und mit dieser Methode insgesamt Zeit und Kosten eingespart werden können.

11.3.2 Puffer im Leistungsumfang

Auch im Leistungsumfang können gewisse Puffer eingebaut werden, indem Anforderungen z. B. kategorisiert werden als Muss- oder Kann- bzw. Nice-to-have Features. Letztere sind dann derjenige Funktionsumfang, der nur realisiert wird, wenn noch Zeit und Mittel dafür zur Verfügung stehen, während die Muss-Features aber in jedem Fall im Projekt umzusetzen sind. Das alles sollte während der Auftragsklärung zwischen dem Projektleiter und dem Auftraggeber verhandelt werden.

11.4 Change Requests

Änderungen sind ganz normal; damit muss jedes Projekt umgehen können. Sie sind quasi ein regulärer Geschäftsvorfall im Projektmanagement. Je professioneller und flexibler Änderungen gehandhabt werden, desto erfolgreicher wird das Projekt letztlich sein. Es kann sein, dass der Auftraggeber komplett neue Anforderungen vorbringt oder dass sich diese mit der Zeit schlicht ändern. So entwickeln Kunden häufig neue Wünsche, sobald sie den ersten Entwurf oder Prototyp gesehen haben. An dieser Stelle wäre es fatal, auf den ursprünglich vereinbarten Leistungsumfang zu pochen und stur dem alten Plan zu folgen. Zufrieden werden die Stakeholder des Projektes am Ende nur sein, wenn sie auch während des Projektverlaufs noch das Gefühl hatten, auf das Ergebnis einwirken zu können.

Aber auch aus dem Projektteam selber können immer wieder Vorschläge kommen. So z. B., wie der Leistungsumfang des Projektes angepasst werden kann, um Zeit oder Geld zu sparen oder ein noch besseres Ergebnis zu erzielen. Oder es ergeben sich neue technische Möglichkeiten oder Probleme, die zu Projektbeginn nicht bekannt waren.

> **Beispiel**
>
> Nachdem der Auftrag zur Entwicklung der Kunden-App vergeben wurde, veröffentlicht Apple eine iOS-Version mit neuen Funktionen. In dieser Situation würde das Projektteam zunächst überlegen, welche der neuen Funktionen auch in der App genutzt werden können, um dann einen Change Request zu formulieren. Dieser wird notwendig, weil sich der Leistungsumfang ändert und damit wahrscheinlich auch mehr Kosten oder Zeitverzug entstehen. Der Auftraggeber kann auf dieser Basis entscheiden, ob ihm die Funktionserweiterung das wert ist.

Für solche Situationen wird ein formelles Change-Request-Verfahren benötigt.

11.4.1 Das Change-Request-Verfahren

Im CR-Verfahren vereinbaren Auftraggeber und Projektleiter, wie mit Änderungswünschen umgegangen wird. Quelle eines Änderungswunsches kann sowohl der Auftraggeber sein als auch das Projektteam oder ein anderer Stakeholder. Betreffen kann die Änderung wieder alle Seiten des Dreiecks: Zeit, Kosten oder den Leistungsumfang.

Wenn sich der Leistungsumfang ändert, ist das ein klassischer Anwendungsfall für einen Change Request (CR). Im Projektverlauf stellt der Auftraggeber fest, dass er noch weitere Anforderungen an das Projekt hat, so z.B. eine zweite Ebene auf dem Messestand benötigt. Der Projektleiter erkennt, dass diese Anforderung nicht im Scope seines Projektes ist, also über die Leistung hinausgeht, die ursprünglich im Auftrag vereinbart war. Deswegen formuliert er die neuen Anforderungen als Change Request – wenn das der Auftraggeber nicht ohnehin von sich aus tut. Die Auswirkungen werden hinsichtlich Zeitplan, Kosten und ggf. der technischen Abhängigkeiten innerhalb des Leistungsumfangs bewertet. Auch ein Blick auf die Stakeholder und die Risiken des Projektes empfiehlt sich, falls der CR dort Auswirkungen haben kann.

Ist der CR formuliert und bewertet, wird er dem Auftraggeber oder dem Lenkungsausschuss zur Entscheidung vorgelegt: Ist diese Änderung gewollt, sind die Auswirkungen auf Zeit und Kosten akzeptiert und wird das zusätzliche Budget dafür freigegeben? Wenn die Zustimmung kommt, dann wird der Scope des Projektes entsprechend erweitert und der CR in alle Projektplanungen eingepflegt. Kommt keine Zustimmung, werden die Entscheidung und die CR-Unterlagen in die Projektakte aufgenommen und somit dokumentiert.

Änderungswünsche können nicht nur den Leistungsumfang betreffen, sondern auch die Zeit- oder Kostenseite. Wenn z.B. das Projekt mehr Zeit oder mehr Budget benötigt, kann dieser Änderungswunsch genauso formalisiert behandelt werden als Zeit-CR oder eben Kosten-CR.

Wird kein Change-Request-Verfahren durchgeführt, kann aus kleinen Wünschen großer Ärger werden, wie das folgende Beispiel zeigt.

> **Beispiel**
> Der Kunde ruft den Projektleiter an und wünscht sich ein Zusatzfeature. »Kein Problem«, sagt der Projektleiter, »machen wir doch gerne!« Irgendwann später wird die Zeit knapp für das Projekt und das Geld sowieso. Der Änderungswunsch wurde zwar umgesetzt, hat sich aber als schlechte Idee herausgestellt. An das Telefonat will sich der Kunde jetzt nicht mehr erinnern; dem Projektleiter ist es auch nur noch bruchstückhaft im Gedächtnis. Dokumentiert wurde der Vorgang nirgends.

Der Projektleiter muss sehr wachsam sein, um den Scope Creep eines Projektes zu verhindern. Ein strukturiertes Change-Request-Verfahren hilft dabei, wechselnde oder neue Anforderungen transparent zu erfassen und zu behandeln und Konflikte mit fordernden Auftraggebern zu vermeiden. Ein »Nein, das war nicht vereinbart!«, kann dann ersetzt werden durch: »Okay, verstehe ich. Lassen Sie uns das mal als CR durchkalkulieren.« Letztendlich trägt ein professioneller Umgang mit Änderungswünschen zur Kundenzufriedenheit und zum Projekterfolg bei.

Überwachung und Steuerung

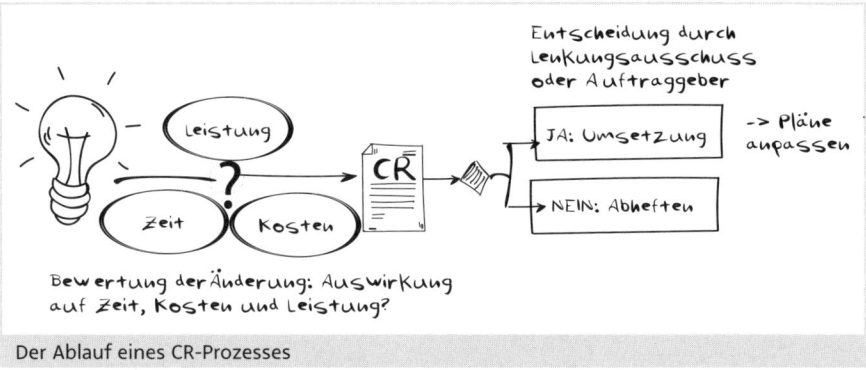

Der Ablauf eines CR-Prozesses

11.4.2 Änderungswünsche und Timeboxing

Im Timeboxing (siehe hierzu das Kapitel 10.4) wird mit Änderungswünschen sehr strikt umgegangen. Alle Wünsche sind herzlich willkommen, aber nur während der Planung einer Iteration. Ist der Leistungsumfang für den nächsten Sprint aber einmal vereinbart, wird er eingefroren, bis die Iteration abgeschlossen ist. Das Team soll während dieser Phase in Ruhe arbeiten können und ein stabiles Zeitfenster dafür haben. Dieser Aspekt ist wichtig zu bedenken im Umgang mit Änderungen. Einerseits sind Flexibilität und Agilität wichtige Erfolgsmerkmale von dynamischen und kreativen Projekten. Andererseits braucht jedes Team auch ein bestimmtes Maß an Verlässlichkeit und Planbarkeit, um durchdachte Ergebnisse auf einem angemessenen Qualitätsniveau liefern zu können.

Dem Projektleiter kommt deshalb bei Change Requests eine Türwächterrolle zu. Zwar muss er die Änderungswünsche des Auftraggebers sensibel wahrnehmen und mitverfolgen. Gleichzeitig kann es aber auch nötig werden, das Projektteam vor zu viel Richtungswechseln zu schützen, um Ruhe und Stabilität in die Arbeitsatmosphäre zu bringen.

11.5 Der Projektreport

Ein modernes Auto hat über 50 hochsensible, technisch ausgefeilte Sensoren, die uns während der Fahrt zu jedem Zeitpunkt Daten über ihren Zustand liefern. Aber wer könnte ein Auto ohne die Assistenzsysteme steuern, die diese Daten verarbeiten? Was, wenn statt Tacho, Drehzahlmesser und Einparkhilfe eine Zahlenkolonne mit Rohdaten dieser vielen Sensoren im Armaturenbrett angezeigt würde? Die tolle Technik brächte uns rein gar nichts. Ebenso verhält es sich in Projekten.

Alle irgendwie am Projekt Beteiligten haben ein Interesse daran, Informationen über das Projekt zu erhalten. Damit diese auch im Zusammenhang verständlich sind, sollten sie in einen Bericht gekleidet werden. Es ist durchaus üblich, an verschiedene Empfänger und zu unterschiedlichen Zeitpunkten über das Projekt zu berichten. Einige davon verlangen nach regelmäßigen Berichtszyklen, andere lassen sich nur auf Anforderung oder bei besonderen Ereignissen berichten.

Ein Report hat drei **Kernaufgaben**:
1. Er muss die **Fakten** enthalten, die relevant sind. Ob das Scheibenwischerventil geöffnet ist, hat keine Relevanz für die Displays im Armaturenbrett des Autos. Der Blick durch die Windschutzscheibe reicht aus, um seinen Zustand zu sehen.
2. Er muss die **Daten aufbereiten** oder in einen sinnvollen Zusammenhang stellen, so dass sie für die Zielgruppe des Reports verständlich werden. Die Achsumdrehungen kombiniert mit dem Raddurchmesser in Relation zur Zeit werden zu km/h – und das ist eine Größe, die der Fahrer versteht.
3. Er kann die Daten **interpretieren oder sogar eine Empfehlung aussprechen**. Wenn die Öltemperatur zu hoch wird, geht eine rote Lampe an und ein Alarmton ist zu hören, weil der Ausfall des Motors bevorstehen kann.

Es gibt einen **Mindestinhalt** für Projektreporte: Sie müssen Aussagen hinsichtlich Zeit, Kosten und Leistung, also zu allen drei Seiten des Magischen Dreiecks (siehe dazu das Kapitel 2.2), enthalten, ebenso zu Risiken, die das Projekt in seinem weiteren Fortschritt bedrohen können. Bei den Risiken ist eine Aussage dazu nötig, ob denn erwartet werden kann, dass das Projekt weiterhin voranschreitet wie bisher, oder ob Ereignisse bevorstehen können, die diese Kontinuität unterbrechen. Zudem sollte auch Entscheidungsbedarf formuliert werden, wenn der Empfänger des Berichtes ein Entscheider ist.

Um einen guten Projektreport zu erstellen, muss man sich die **Brille des Empfängers** aufsetzen. Welche Informationen interessieren ihn? In welcher Aufbereitung versteht er sie? Hat er Detailvorlieben für bestimmte Aspekte? Dabei muss auch der Umfang des Reports bedacht werden. Wenn der Empfänger keine Zeit oder Lust hat, sich (viel) Text durchzulesen, dann muss der Projektreport grafisch aufbereitet und als One Pager formatiert werden. Reports sind kritische Serviceleistungen eines Projekts an seine Stakeholder. Sie sollten den Empfängern in ihrer Form gefallen.

Aber auch aus Sicht des Projektes sollte überlegt werden, welche Informationen der Empfänger sicher mitgeteilt bekommen sollte, selbst wenn er nicht danach fragt. Risiken sind ein klassisches Beispiel für Informationen, die nicht gerne gehört und dementsprechend auch nicht gerne berichtet werden. Da die Überraschung umso größer ist, wenn sie dann doch eintreten (»Warum haben Sie mir das nie gesagt? Hätte ich das gewusst …«), sollten Risiken jedoch sehr transparent, regelmäßig und auch nachweisbar an den Auftraggeber und relevante Stakeholder berichtet werden.

> **Beispiel: Projektreport**
>
> Die Leiterin der Marketingabteilung hat mit dem Geschäftsführer einen zweiwöchentlichen Rhythmus für das Projektreporting ausgemacht. Jeden zweiten Freitag findet ein Jour fixe von 45 Minuten Dauer statt, an dem sie selber als Projektleiterin, der Freelancer Piet und der Geschäftsführer teilnehmen. In diesem Termin wird der Projektreport durchgesprochen, der, auf einer Seite dargestellt, die folgenden Aspekte enthält:
> - Termine und Fertigstellungsgrad,
> - Budgetstatus,
> - Risiken,
> - Entscheidungsbedarf,
> - offene Punkte.
>
> Die Projektleiterin bereitet für jeden Jour fixe Entscheidungen vor, die vom Geschäftsführer getroffen werden müssen, damit das Projekt voranschreiten kann. Darunter sind Freigaben für die Beauftragung von externen Unternehmen, aber auch grundsätzliche Entscheidungen, die den Umgang mit dem Kunden oder die weitere Richtung des Projektes betreffen.
>
> Am Anfang war das ungewohnt für den Geschäftsführer, inzwischen würde er sich aber wünschen, dass jedes seiner Meetings so gut vorbereitet wäre. Mittlerweile endet jede dieser Sitzungen mit einem kleinen Ritual. Der Geschäftsführer fragt: »Kann ich noch irgendetwas für euch tun?«

12 Risiken

In jedem Risiko liegt auch eine Chance – dieses Bonmot klingt wie eine Botschaft, mit der aufgekratzte Motivationstrainer in den 1990ern über die Bühnen gesprungen sind. Man braucht schon viel Phantasie, um dieses Mantra in die Praxis zu übertragen und das Gute im Klimawandel, in aktiven Erdbebenzonen und im Herzinfarktrisiko zu sehen. Allerdings ist schon ein Funken Wahrheit in diesem Satz. Denn zumindest in Projekten muss und darf das Risikomanagement nicht ausschließlich negative Ereignisse betrachten.

Risikomanagement beschäftigt sich mit möglichen zukünftigen Ereignissen, deren Eintritt und Auswirkung noch unsicher sind. Nach dieser Definition kann es sich sowohl um Risiken im negativen Sinne als auch um Chancen mit einer positiven Auswirkung handeln.

Methodisch werden Risiken ähnlich analysiert wie Stakeholder. Sie werden identifiziert, erfasst und hinsichtlich ihrer Eintrittswahrscheinlichkeit und Auswirkung bewertet. Anschließend werden Maßnahmen je Risiko festgelegt. Allerdings stößt das an ähnliche Grenzen wie das Stakeholdermanagement. Wenn das Projektumfeld dynamisch ist, können jeden Tag unvermittelt neue Risiken auftauchen, genauso wie Chancen. Sie alle bilden Abhängigkeiten untereinander, die im Dunkeln liegen.

Die größten Gefahren gehen nicht von den Risiken aus, die wir schon kennen. Die größte Bedrohung sind diejenigen Risiken, die wir nicht für möglich halten oder schlicht nicht erkennen. Solche Ereignisse treffen ein Projekt unvorbereitet und lassen es erst einmal um Reaktionsfähigkeit ringen, bevor Gegenmaßnahmen eingeleitet werden können.

Das macht klassisches Risikomanagement nicht etwa unnötig. Im Gegenteil: Zusätzlich zu den Basics ist eine gesunde Portion Wachsamkeit notwendig gegenüber Dingen, die wir bisher nicht erkannt oder verstanden haben oder schlicht übersehen könnten.

Beispiele	
Chancen	**Risiken**
• Wegfall von Hindernissen • Zusätzliche Unterstützung durch einen Stakeholder • Neue Lösungsmöglichkeit für ein Problem des Projektes	• Verzögerung oder Ausfall von Zulieferleistungen externer Dienstleister • Preissteigerungen oder Währungsschwankungen, wenn über Grenzen hinweg gearbeitet wird • Der Ausfall von technischer Infrastruktur, z. B. Server, Internetverbindung • Unbewusste Verletzung von Marken- oder Patentrechten.
Zukünftige Ereignisse können sich häufig zum Guten wie zum Schlechten für ein Projekt entwickeln. Die drei Beispiele für Chancen ließen sich auch invers formulieren und wären dann ein Risiko, z. B. neue Probleme oder zusätzlicher Widerstand durch Stakeholder.	

12.1 Verwundbarkeit

Ein Risiko ist etwas sehr Individuelles und das muss bedacht werden, wenn Risikomanagement betrieben wird. Ein Stau auf der Autobahn bedeutet für den einen ein kaltes Abendessen, für den anderen einen verpassten Flug nach Rio. Eine Internetstörung am Sonntagabend mag uns Zeit für ein gutes Buch schenken, kann aber auch der Grund für eine verpasste Abgabefrist sein.

Nicht das Ereignis an sich ist also das Problem, zum Risiko wird es erst durch unsere eigene Verwundbarkeit genau diesem Ereignis gegenüber.

So ist auch ein Blitzschlag eigentlich kein Risiko – es sei denn, wir sind bei einem Gewitter im Freien.

> **!** **Verwundbarkeit**
>
> Die sog. Vulnerabilität ist eine wichtige Komponente für das Verständnis von Risiken. Es gibt drei Faktoren, die sie entscheidend beeinflussen:
> 1. **Empfindlichkeit:** Der Grad, in dem ein System durch eine spezifische Einwirkung betroffen ist, hängt ab von seiner Empfindlichkeit. Ein hochtechnisiertes, filigranes Steuerungselement ist anfälliger für technische Störungen als ein einfacher, robuster Schalter.
> 2. **Bewältigungskapazitäten:** Das ist die Fähigkeit, während und nach einer Störung zu reagieren und die Konsequenzen zu handhaben. Fällt der Server aus, ist es eine Frage der technischen Expertise und ggf. der Verfügbarkeit externen Supports, wie schnell diese Störung wieder behoben wird.
> 3. **Exposition:** Empfindlichkeit und Bewältigungskapazitäten bestimmen, wie groß die Gefahr ist, die von einem Ereignis ausgehen kann. Die Exposition beschreibt schließlich, ob wir einer konkreten Gefahr überhaupt ausgesetzt

sind, und wenn ja, wie stark. Ein Haus aus Lehm ist sehr empfindlich gegenüber Hochwasser; steht es aber weit entfernt von Flüssen, ist es potenziellen Überschwemmungen nicht ausgesetzt.

Empfindlichkeit und Bewältigungskapazitäten hängen stark von der Art der Gefahr ab: Ein Pfahlbau mag gegenüber Hochwasser recht unempfindlich sein, anders sieht es aus bei Stürmen. Hammer und Nägel helfen, Sturmschäden zu reparieren, zur Behebung von Wasserschäden durch die Kanalisation sind sie aber das falsche Werkzeug. Vulnerabilität ist also abhängig von vielen Faktoren, die je nach Situation unterschiedlich stark wirken können. Alle Faktoren zusammen bilden die klassische Risikodefinition:
Risiko = Gefahr × Vulnerabilität (× Exposition).
Diese sollte man im Kopf haben, wenn es an die Risikoanalyse geht: Gegenüber welchen Gefahren bin ich empfindlich? Bei welchen Ereignissen kann sich mein Projektteam nicht mehr selber helfen? Welchen Gefahren setze ich mein Projekt eigentlich aus?

12.2 Risikoanalyse

Bei der Risikoanalyse werden Risiken identifiziert und hinsichtlich ihrer Eintrittswahrscheinlichkeit und Auswirkung eingeschätzt. Die Risikoanalyse ist somit methodisch der Stakeholderanalyse (siehe hierzu das Kapitel 5.2) sehr ähnlich.

Der Rahmen für eine erste Risikoidentifikation kann ein Workshop sein, bei dem bewusst negativ gedacht wird: »Was kann alles schiefgehen?«, oder: »Woran wird es gelegen haben, wenn wir letztendlich scheitern?« Die Fragen nach der eigenen Verwundbarkeit (siehe oben) können dabei Anregungen liefern.

Die gefundenen Risiken werden dann bewertet nach ihrer Eintrittswahrscheinlichkeit und Auswirkung auf das Projekt. Auch hier empfehlen sich pragmatisch grobe Skalen von wenig, mittel, hoch oder 1 bis 5. Ist der potenzielle Schaden finanziell zu beziffern, kann die Auswirkung auch in Euro angegeben werden. Wenn manche Risiken klarer absehbar sind als andere, kann jeweils noch angegeben werden, wie verlässlich die Schätzung ist.

Genau wie im Stakeholdermanagement muss auch die Risikoanalyse regelmäßig überprüft und aktualisiert werden.

12.3 Strategien im Umgang mit Risiken

Nachdem die Risiken analysiert sind, werden Maßnahmen überlegt, um mit ihnen umzugehen. Dabei gibt es grundlegende Strategien im Umgang mit Risiken, die angewendet werden können:

- **Begrenzung der Auswirkung:** Bei dieser Strategie geht es darum, die möglichen Schäden, die bei Eintritt eines Risikos entstehen können, zu minimieren. Ein tägliches Back-up der Projektdaten beispielsweise verringert zwar nicht das Risiko, dass eine Festplatte defekt ist. Da der Datenbestand jedoch einfach wiederhergestellt werden kann, ist die Auswirkung dieses Risikos nur noch gering.
- **Verringerung der Eintrittswahrscheinlichkeit:** Dazu können präventive Maßnahme getroffen werden. Regelmäßige Wartung verringert z.B. die Wahrscheinlichkeit, dass wichtige Geräte zur Unzeit ausfallen. Ein enger Kontakt zu wichtigen Stakeholdern verringert die Möglichkeit, dass sie plötzlich ihre Meinung gegenüber dem Projekt ändern.
- **Verlagerung der Risiken:** Hier bleiben die Risiken voll bestehen. Sie werden jedoch aus der Sphäre des Projektes an jemand anderes übergeben. Eine Brandversicherung hat zwar noch nie ein Feuer verhindert. Sie verhindert aber, dass der Hausbesitzer nach einem Brand pleitegeht, denn der Schaden – und damit das Risiko – wird auf die Versicherung übertragen. In Projekten ist vieles nicht versicherbar, aber das Konzept der Risikoverlagerung ist hier dennoch üblich. Bereits während der Auftragsklärung muss dazu sehr genau überlegt werden, welche Bestandteile der Leistung als in scope definiert werden und welche nicht. Wie weit geht die Zusage hinsichtlich des Projekterfolges? Welche Garantien und Haftungsübernahmen müssen Dienstleister gegenüber dem Projekt einräumen?

	Risiko	Eintrittswahrscheinlichkeit	Auswirkung	Gegenmaßnahmen
1.	Datenverlust	3	5	Tägliche Back-ups
2.	Ausfall des Dienstleisters	2	3	Suche nach zweitem Entwicklungspartner
3.	...	...	...	...

Legende: 1 = gering / 5 = hoch

> **!** **Resilienz**
>
> Resilienz ist die Fähigkeit eines Systems, Veränderungen und Störungen zu absorbieren und dabei seine charakteristischen Funktionen, Strukturen, Leistungen und seine Identität zu erhalten. Ein resilientes Projekt oder Unternehmen kann auch den Eintritt von unvorhergesehenen Risiken verkraften. Es ist flexibel und agil genug, um sich schnell auf die plötzliche Veränderung einzustellen und zerbricht nicht daran. Was braucht es dazu? Etwas Spielraum, eine vertrauensvolle Teamkultur und genügend Profis im Team, die auch mit ungewöhnlichen Situationen zurechtkommen.

13 Projektabschluss

Wie eine Klammer umschließen die Start- und Abschlussphase ein Projekt. Es ist offensichtlich, dass Projektstart und -abschluss zusammengehören und wichtig sind. Sie ergänzen sich gegenseitig und ohne Inhalt dazwischen machen sie keinen Sinn.

Das temporäre Unternehmen »Projekt« muss errichtet und wieder abgebaut werden. Zum einen gibt es administrative Aufgaben in diesen Phasen, z.B. müssen in größeren Unternehmen Kostenstellen eingerichtet und wieder geschlossen werden. Verträge mit Dienstleistern müssen projektbezogen abgeschlossen und hinterher sauber abgerechnet und beendet werden. Aber auch in der sozialen Dimension fallen einige Dinge an, die nicht vergessen werden dürfen.

13.1 De-Staffing

Die Vielfältigkeit der Aufgaben und die Geschwindigkeit der Arbeit machen den Reiz des Projektmanagements als Führungsdisziplin aus. Teams müssen schnell zusammengestellt und in Fahrt gebracht, aber auch wieder aufgelöst werden. Diese Auflösung des Teams zum Projektabschluss will gründlich bedacht werden. Das Teambuilding macht meist viel Spaß und kann mit einem performanten Team belohnt werden. Die Auflösung des Teams ist dagegen eine weniger angenehme Aufgabe, die aber niemand dem Projektleiter abnehmen kann. Kommt das Projektende näher, kann es vorkommen, dass die Leistung eines Teams zunehmend abnimmt. Grund dafür sind nicht nur schwindende Kräfte, sondern vielleicht auch einsetzender Trennungsschmerz. Um die Kraft bis zum Schluss aufrechtzuerhalten, hilft es, das **De-Staffing**, das Herauslösen der Mitarbeiter aus dem Team, vorauszuplanen.

Nicht immer ist es möglich, ein Team bis zum Ende des Projekts zusammenzuhalten. In der Regel setzt gegen Projektende die Fluktuation in Schüben ein. Ist ein Teilprojekt erledigt, verlässt auch ein Teil des Teams das Projekt. Klare Rituale, etwa die Verabschiedung der scheidenden Kollegen in einer Teambesprechung und gemeinsame Umtrünke, machen den Abschied leichter und können den Schwermut nehmen.

Manchmal ist es möglich, Mitarbeiter bereits während der Projektlaufzeit innerhalb des eigenen Unternehmens weiterzuvermitteln, beispielsweise an ein Anschlussprojekt, das bald startet. So einen Anschlussauftrag vor Augen zu haben und damit ein neues konkretes Ziel nach dem Projekt, nimmt die Ungewissheit und kann dabei helfen, die Motivation aufrechtzuerhalten.

De-Staffing gehört zu den großen Herausforderungen eines Projektleiters. Es ist seine Aufgabe, diesen Auflösungsprozess in einer Form zu gestalten, die Konflikte vermeidet und die Arbeitsfähigkeit des Teams aufrechterhält. Das ist weniger eine planerische Herausforderung als eine persönliche.

13.2 Übergabe

Am Ende eines Projektes wird der Liefergegenstand an den Auftraggeber übergeben oder/und in Betrieb gesetzt. Die neue Unternehmenshomepage will online gehen, betrieben und gepflegt werden, ein Kommunikationskonzept soll umgesetzt und jedes neu entwickelte Format mit Leben gefüllt werden. Egal, ob ein Projekt Software, Gebäude, Produkte oder Prozesse einer Organisation als Liefergegenstand hatte: Wenn das Projekt zu Ende geht, lebt sein Ergebnis in den allermeisten Fällen weiter.

Die Übergabe muss von Anfang an im Projekt geplant werden, denn sie sollte geordnet ablaufen und verursacht Aufwand, für den Budget und Zeit zur Verfügung stehen müssen. Wer auch immer ein Produkt übergeben bekommt, will auch das nötige Know-how zu Betrieb und Wartung erhalten. Eine **Dokumentation** ist deshalb regulärer Teil der Übergabe. Was sie genau umfasst, hängt immer vom Leistungsgegenstand des Projektes und dem Umfeld ab. In der Regel ist aber in der Beauftragung festgeschrieben, was sie beinhalten muss.

> **Beispiel**
>
> Bei einer Maschine oder einem Haus sind das die Bauzeichnungen, die Pläne und Protokolle. Bei IT-Projekten können es Architekturskizzen, Use-Case-Beschreibungen und Handbücher sein.

Gerne wird die Dokumentation über das Projektende hinausgezögert und erst viel später – wenn überhaupt – nachgereicht. Tatsächlich ist aber in vielen Branchen die Dokumentation auch ein üblicher Liefergegenstand und Teil des Projektergebnisses. Das Projekt kann dann erst abgeschlossen – und vollständig abgerechnet – werden, wenn auch die Dokumentation vorliegt.

13.3 Lessons Learned

Lessons Learned können eine Geißel für den Projektleiter sein, wenn er am Ende eines anstrengenden Projektes auch noch eine Liste mit »Gelerntem« ausfüllen muss, von der er weiß, dass niemand sie liest. In dem Moment fühlt sich das an wie Nachsitzen in der Schule. Nicht selten stehen Lessons-Learned-Systeme daher in sehr schlechtem Ruf und werden nur stiefmütterlich gepflegt.

Schade eigentlich, denn die Idee, die hinter Lessons Learned steht, ist eine gute: Erfahrungen und Wissen, das in einem Projekt gesammelt wurde, sollen es überdauern und nicht zum Ende des Projektes verloren gehen. Die Erkenntnisse sollen nicht nur bei den einzelnen Mitarbeitern bleiben, die sie sich erarbeitet haben, sondern in der gesamten Organisation geteilt werden. Dieses organisationale Lernen klingt in der Theorie gut, scheitert in der Praxis aber allzu oft an zu technokratischen Lösungen und seelenlosen Datenbanken. Um Wissen aus Projekten zu sichern, eignen sich Gespräche oder Lessons-Learned-Workshops besser als Textfelder.

13.4 Projektabschlussfeier

Ein Projekt ist von zwei Veranstaltungen eingerahmt, deren Dramaturgie im Zusammenhang gesehen werden kann.

Bei einem **Kick-off** werden Projektteam und Stakeholder zusammengebracht, um den Rahmen und die Vision des Projektes zu präsentieren. Ziel ist es, einen Startschuss für ein Projekt zu geben, der den Teilnehmern ein gemeinsames Bild des Vorhabens und ein Gefühl des Aufbruchs vermittelt.

Bei der **Projektabschlussfeier** kommen Projektteam und wichtige Stakeholder noch einmal zusammen. Natürlich ist es eine Feier des Erfolges, aber auch eine Rückschau, bei der alle Beteiligten auf das Gesamtkonstrukt blicken können. Viele Tätigkeiten in einem Projekt finden in solcher Spezialisierung statt, dass ihr Kontext und ihre Bedeutung sich erst später erschließen können. Experten arbeiten an Details, ganz tief in einer bestimmten Materie und sehen daher oft nicht über ihren Tellerrand hinaus. Leicht vergisst man als Projektleiter, dass die Sicht auf das Große und Ganze eben die Aufgabe und das Privileg des Projektmanagements ist und dass dieser Überblick nicht immer von allen Teammitgliedern geteilt werden kann. Insofern ist die Feier ein Überblick, eine Rückschau auf all das, was passiert ist, und damit auch ein Instrument des De-Staffings.

13.5 Entlastung

Wenn alle Liefergegenstände des Projektes übergeben und abgenommen sind, die Abrechnung gemacht ist und alle Verträge abgewickelt sind, ist es Zeit für den Projektleiter, sich entlasten zu lassen. Das schließt den Bogen zum Mandat, das er mit seiner Beauftragung in der Startphase bekommen hat. Mit der Entlastung legt er seine Verantwortung sowie auch seine Freiheiten als Projektleiter ab. Der Auftraggeber sollte bei dieser Gelegenheit noch einmal um Feedback gebeten werden. Er kann zu einer wichtigen Referenz für die Zukunft werden.

Ist die Entlastung erfolgt, ist der Projektleiter verfügbar für zukünftige Aufgaben. Die Entlastung hat dadurch auch einen wichtigen Charakter der Arbeitshygiene. Für den Projektleiter endet damit ein Lebensabschnitt, der in der Regel von großem persönlichen Einsatz und hoher Belastung gezeichnet war.

14 Ein Ausblick

Projektmanagement als notwendige Kompetenz des Kreativen ist keine eigene Wissenschaft, sondern ein nützliches Set aus Handwerkszeugen ganz verschiedener Disziplinen. Unweigerlich wird der Projektmanager zum Universalhandwerker und muss sich Wissen und Fähigkeiten aus der Betriebswirtschaftslehre genauso aneignen wie aus der Psychologie, Soziologie, dem Recht, der Mathematik und IT.

Doch es geht nicht nur um Werkzeuge und Methoden. Vieles ergibt sich erst aus der persönlichen Haltung und dem Selbstverständnis. Das sollte in den Kapiteln bis hierher mitgeschwungen sein. So wird der Projektmanager notwendigerweise zur Unternehmerpersönlichkeit. Diese Analogie beinhaltet auch, dass das Scheitern zum Leben und Arbeiten als Projektmanager gehört. Scheitern muss aber keine traumatische Niederlage bedeuten, sondern kann für Projektmanager auch zu einer Iteration während eines professionellen Trial-and-Error-Verfahrens werden.

14.1 Agiles Projektmanagement

Die Entwicklung von Managementansätzen gleicht langen Wellen. Bis heute beeinflussen noch Denkweisen der Industriellen Revolution die Art, wie Unternehmen, Projekte und Personen geführt werden. Damals waren, angesichts eines nicht ausgebildeten Arbeiterheeres, zentralistische Planungs- und Steuerungsmethoden notwendig, um die riesigen Fabriken zu organisieren. Qualitätsmanagement begann sich dann seit den 1950er Jahren zu entwickeln, als Reaktion auf die gigantischen Fehlerraten der industriellen Massenproduktion. Es kam aber erst viel später zum weltweiten Durchbruch.

Und auch das, was wir heute als »agile« Ansätze im Projektmanagement sehen, nahm seinen Ursprung vor langer Zeit. Als große IT-Projekte durch die klassischen plangetriebenen Methoden nicht erfolgreicher wurden, sondern daran erstickten und verlässlich zu gigantischen Zeit- und Kostenüberschreitungen führten, entstand eine Gegenbewegung: Leichtgewichtige Ansätze sollten der Natur dieser Projekte gerechter werden und die Mängel der alten Managementkonzepte überwinden. Spätestens seit den 1980er Jahren wurde mit neuen Ansätzen für die Produkt- und Softwareentwicklung experimentiert. Ende der 1970er Jahre wurde beispielsweise die Flugsteuerungssoftware für das erste Space-Shuttle bereits in Iterationen entwickelt, mit achtwöchigen Timeboxes, an deren Ende jeweils ein inkrementelles Release vorlag. Teilautonome Arbeitsgruppen, heute selbstorganisierende Teams genannt, werden sogar schon mindestens seit den 1960er Jahren erprobt und eingesetzt.

Noch gar nicht so lange her ist es, im Februar 2001, da trafen sich die Vordenker der leichtgewichtigen Methoden für die Softwareentwicklung und formulierten das »Agile Manifest« als gemeinsames Credo ihrer Ansätze. Seitdem erobern die agilen Ansätze über die IT-Projekte hinaus das Projektmanagement und frischen es auf, stellen althergebrachte industrielle Denkweisen und Planungsmethoden infrage und bringen in einige Bereiche wieder Freude und Leichtigkeit zurück, in denen Projekte bisher eine schlechte Erfolgsbilanz hatten.

Sind sie gekommen, um zu bleiben? Ja und nein. Projektmanagement als Führungsdisziplin befindet sich in steter Weiterentwicklung. Sie nährt sich und wächst, indem neue Ansätze und Ideen integriert werden. So wird es auch den agilen Ansätzen gehen; sie werden selbstverständlicher Teil des Ganzen. In diesem Buch ist das übrigens schon passiert – ist es Ihnen aufgefallen?

14.2 Checkliste: Die Basics in zehn Punkten

Nicht jede Projektmanagement-Methode muss immer eingesetzt werden, aber zumindest sollten die gängigsten Aspekte bedacht werden. Die folgende Checkliste kann eine Hilfestellung sein, um zu prüfen, ob die Basics für ein durchgängiges Projektmanagement vorhanden sind. So haben Sie eine gute Chance, nichts Wichtiges zu vergessen.

Checkliste: Basics des Projektmanagements	
1.	Projektziele
☐	Sind die Projektziele mit dem Auftraggeber zusammen entwickelt worden?
☐	Sind sie schriftlich dokumentiert?
☐	Wird regelmäßig überprüft, ob sie noch zutreffend sind?
2.	Stakeholdermanagement
☐	Wurde eine Stakeholderanalyse vorgenommen?
☐	Wird sie regelmäßig überprüft und aktualisiert?
☐	Wurden Maßnahmen daraus abgeleitet?
3.	Projektorganigramm
☐	Liegt ein Projektorganigramm vor?

Checkliste: Die Basics in zehn Punkten 14

	Checkliste: Basics des Projektmanagements
☐	Spiegelt es die Realität des Projektteams wider?
4.	Kommunikationsplan
☐	Liegt ein Kommunikationsplan für das Projektteam vor, aus dem hervorgeht, wer über welchen Kanal wann mit wem redet?
☐	Liegt ein Kommunikationsplan für die Stakeholder vor, aus dem hervorgeht, wer über welchen Kanal wann erreicht wird?
5.	Projektstrukturplan (PSP)
☐	Gibt es einen PSP, der den Leistungsgegenstand des Projektes vollständig abbildet?
☐	Ist er einfach verständlich, logisch und in sich schlüssig und frei von Überschneidungen?
6.	Verantwortung und Aufwand für Arbeitspakete (z.B. VMI Matrix)
☐	Ist die Verantwortung für Arbeitspakete geklärt?
☐	Sind jedem Arbeitspaket Budget und Ressourcen zugeordnet?
7.	Zeitplanung
☐	Ist das Projekt in Phasen eingeteilt?
☐	Liegt ein detaillierter Zeitplan vor?
☐	Ist der Zeitplan aktuell und realistisch?
8.	To-do-Verwaltung und -Überwachung
☐	Gibt es einen Überblick über die anstehenden, in Erledigung befindlichen und abgeschlossenen Tätigkeiten? (z.B. Kanban-Board)
☐	Wissen alle im Team, wer aktuell woran im Projekt arbeitet? (z.B. Stand-up-Meetings des Teams)
9.	Projektreport
☐	Wird der Projektstatus regelmäßig dokumentiert und an den Auftraggeber gemeldet?
☐	Werden Entscheidungen des Auftraggebers vorbereitet und eingefordert?
10.	Risikomonitor
☐	Wurden Risiken identifiziert?
☐	Sind Maßnahmen daraus abgeleitet worden?
☐	Werden Risiken und die daraus folgenden notwendigen Maßnahmen regelmäßig überprüft und aktualisiert?

14.3 Project Excellence

Soweit die Basics. Aber es gibt da noch mehr als fleißige Planung und Überwachung. Manche Projekte machen viel Spaß, dem Team genauso wie den Stakeholdern, und sie schaffen mehr, als eigentlich nötig gewesen wäre. Sie hinterlassen Spuren und prägen die weiteren Karrieren aller Beteiligten.

Um diese Projekte, die herausragen und beeindrucken, zu identifizieren und ihre Leistung zu beschreiben, wurde das Project Excellence Modell entwickelt. Es ist aus dem EFQM-Modell abgeleitet, das die Qualität von Unternehmensorganisationen misst. Es betrachtet Projekte als temporäre Unternehmen. Seine Basis bilden einige fundamentale Konzepte des Managements:

- **Nachhaltigkeit unternehmerischen Handelns**: Bei allem, was wir tun und wie wir wirtschaften, sollen Ressourcen schonend behandelt werden und nicht vernichtet werden. Das trifft gleichermaßen auf Menschen wie auf Rohstoffe und die Umwelt zu.
- **Kontinuierliche Verbesserungsprozesse**: Alle Methoden und Prozesse sollen laufend daraufhin überprüft werden, ob es Verbesserungspotenzial gibt. Das ist eine Philosophie des Qualitätsmanagements, die jeder einzelne Mitarbeiter verinnerlicht haben soll – wozu er jedoch auch motiviert und ermutigt werden muss.
- **Agilität und Flexibilität** sind viel mehr als nur agile Methoden. Sie bilden zusammen die Fähigkeit des gesamten Projektes und seiner Führungskräfte, sich an Veränderungen anzupassen und das Projekt neu zu überdenken.
- **Stakeholdervalue** ist das Bestreben, mit Projekten Werte zu schaffen, die allen Stakeholdern zugutekommen und nicht nur dem eigenen Unternehmen. Das ist langfristig eine kluge Strategie, wie man leidvoll erkennen musste, nachdem die reine Optimierung des Shareholdervalues, also des Aktienwertes von Firmen, zu kurzfristigen Entscheidungen geführt hatte, die schließlich in großen Pleiten resultierten. Nicht nur die Aktionäre, sondern auch die Mitarbeiter und externen Stakeholder im Blick zu haben, bedingt nachhaltigeres und besonnenes Handeln, das auch langfristig erfolgreich sein kann.
- **Organisationales Lernen** ist die Fähigkeit, dass eine Organisation sich ständig weiterentwickelt und »lernt« aus dem, was ihre Mitarbeiter tun. Dazu ist eine Unternehmenskultur erforderlich, in der Mitarbeiter reflektieren, wie sie arbeiten, aber auch voneinander lernen und Wissen teilen. Nicht Einzelkämpfer, die Wissen anhäufen, sondern Teams, die sich gemeinsam weiterentwickeln, sind der Schlüssel zum Erfolg.

Auf diesen großen Blöcken der Managementlehre fußt das Project Excellence Modell. Es kann dadurch auch vorausschauend eingesetzt werden. Wenn die Basis-Checkliste abgehakt ist und das Projekt methodisch läuft, ist es Zeit weiterzudenken. Macht es auch im Großen und Ganzen Sinn? Wohin führt es und was kommt danach? Das Project Excellence Modell kann als Leitfaden für die weitere Entwicklung des Projektmanagements in der Praxis eingesetzt werden.

> **Das Project Excellence Modell**
>
> Das Project Excellence Modell besteht aus neun Hauptkriterien, die in insgesamt 23 Teilkriterien weiter ausdifferenziert werden. Unterteilt sind sie in die Befähigerkriterien, die das Projektmanagement an sich beschreiben, und die Ergebniskriterien, die Zielerreichung und Stakeholderzufriedenheit abbilden. So wird ein Raster von Betrachtungspunkten gebildet, aus denen ein Projekt als Gesamtes betrachtet werden kann.
>
> Dabei macht das Project Excellence Modell keinerlei Vorgaben, welche Methoden ein Projekt konkret anwenden soll – es ist universell anwendbar in der Vielfalt der möglichen Ansätze des Projektmanagements. Vielmehr beschreibt es, worin sich herausragende Leistungen von Projekten zeigen.
>
> Die Kriterien markieren dafür wichtige Perspektiven einer Projektorganisation, z.B. den Umgang mit Mitarbeitern (Kriterium 3), die eingesetzten Methoden und Prozesse (Kriterium 5), Ziele und Strategie (Kriterium 2), aber auch vor allem die Zufriedenheit wichtiger Stakeholdergruppen, wie z.B. Kunden, Mitarbeiter und sonstiger Interessensgruppen (Kriterien 6 bis 8).
>
> Das Project Excellence Modell und Begleitliteratur dazu sind kostenfrei verfügbar auf der Homepage der Deutschen Gesellschaft für Projektmanagement unter www.gpm-ipma.de/DPEA.

14.4 Checkliste für Fortgeschrittene: Project Excellence im Schnelltest

Wenn Sie sicher in den Basics sind, können Sie Ihr Projekt auch aus den Blickwinkeln des Project Excellence Modells unter die Lupe nehmen. Gegliedert nach den neun Hauptkriterien des Modells finden Sie im Folgenden Fragestellungen zur Reflexion eines Projekts.

Ein Ausblick

Project Excellence: Reflexionsfragen

Befähigerkriterien

1. **Führung**: Sind die Führungskräfte des Projektes Vorbilder? Wie agieren sie gegenüber internen und externen Stakeholdern? Sorgen sie dafür, dass das Projekt anpassungsfähig gegenüber Unvorhergesehenem und neuen Anforderungen ist?

2. **Ziele und Strategie**: Wie wurden Stakeholder identifiziert und wie wird der Umgang mit ihnen gestaltet? Wie wurden Projektziele identifiziert und wurden sie mit den Stakeholderinteressen in Einklang gebracht? Wurde insgesamt eine Strategie für das Projektmanagement entwickelt?

3. **Mitarbeiter**: Wurde geplant, welche Fähigkeiten und Kapazitäten an Mitarbeitern für das Projekt notwendig sind? Wie werden Mitarbeiter befähigt, gefördert und weiterentwickelt? Wird im Projekt ein Umfeld geschaffen, in dem die Mitarbeiter ihre Fähigkeiten auch einsetzen können?

4. **Partnerschaften und Ressourcen**: Wie werden die Beziehungen zu externen Partnern und Lieferanten gestaltet? Ist die Zusammenarbeit transparent und offen? Werden Finanzmittel gesteuert und nachhaltig eingesetzt? Wie werden Sachmittel, Wissen und Informationen in dem Projekt gesteuert und eingesetzt?

5. **Methoden und Prozesse**: Wie wurden die für das Projekt relevanten Planungs- und Steuerungsmethoden ausgewählt, gestaltet und eingesetzt? Wie wurden Kommunikation und soziale Prozesse im Projekt gestaltet und eingesetzt? Wie wurden die Schnittstellen des Projektes nach außen gestaltet?

Ergebniskriterien

1. **Kundenzufriedenheit**: Wie zufrieden sind die Kunden mit dem Projekt?

2. **Mitarbeiterzufriedenheit**: Wie zufrieden sind die Mitarbeiter mit dem Projekt?

3. **Zufriedenheit sonstiger Interessensgruppen**: Was sagen sonstige Interessensgruppen, z.B. Betroffene, über das Projekt?

4. **Zielerreichung**: Wurden die Ziele erreicht oder sogar übertroffen?

Wenn Sie hier bei einigen Fragen ins Zögern kommen, ist das nicht schlimm. Das Project Excellence Modell ist entwickelt worden, um die Königsklasse im Projektmanagement zu identifizieren. So kann diese Liste an Fragen Anregung und Impuls sein, um nicht aufzuhören, sich weiterzuentwickeln.

Credits und Quellen

Zwerge auf den Schultern von Riesen. Schon seit Jahrhunderten beschreibt dieses Bild das Selbstverständnis von Wissenschaftlern und ihren Leistungen. Meistens sind es ja nicht grundlegend neue Erkenntnisse, die gewonnen werden, sondern jeweils ein Stück mehr, das auf dem Wissen von vorangegangenen Forschern aufbaut. Jede Generation legt so ein bisschen mehr auf den Stapel und erlaubt ihren Nachfolgern das nächste Stück Erkenntnis.

Dieses Buch ist natürlich keine wissenschaftliche Abhandlung und auch nicht geschrieben, um neuen Erkenntnisgewinn der Forschung zu publizieren. Vielmehr ist es ein Kompendium aus nützlichem Wissen, Erfahrung und einigen persönlichen Ideen – ein Praxishandbuch, ein Best-of, zugeschnitten auf eine spezielle Zielgruppe. Und in dieser Hinsicht trifft das Bild des Zwerges auf den Schultern von Riesen voll und ganz zu: Alles, was hier beschrieben ist, speist sich aus den Leistungen von Vordenkern, Lehrern, Diskussionspartnern und Kollegen, die mich begleitet und ausgebildet haben, sowie den Artikeln und Büchern vieler Autoren. In Summe ist es mir unmöglich, jeden Gedanken auf seine ursprüngliche Quelle zurückzuführen. Wo das aber gelingt oder wichtig ist, sollen die nächsten Seiten dem interessierten Leser die Vertiefung ermöglichen.

Das Vorwort
Das Zitat »If you are not prepared to be wrong, you'll never come up with anything original«, ist aus Ken Robinsons sehenswertem Vortrag zum Thema »Do schools kill creativity?« aus dem Februar 2006, der online verfügbar ist unter http://www.ted.com/talks/ken_robinson_says_schools_kill_creativity.

Das Florentiner-Dom-Projekt
Die historischen und fachlichen Hintergründe zum Kuppelbau des Doms von Florenz stammen aus einer wissenschaftlichen Abhandlung über das Projektmanagement Brunelleschis von Mark Kozak-Holland und Chris Procter (2014): Florence Duomo project (1420–1436): Learning best project management practice from history. International Journal of Project Management, 32(2), 242–255; sowie einer Reportage der National Geographic, Heft 02/2014, S. 88–99. Teile des Textes zum Dombau von Florenz habe ich im Februar 2014 schon in einem Blogbeitrag veröffentlicht (http://gpm-blog.de/das-florence-duomo-project-best-practices-eines-europaischen-grosprojekts/).

Die Beispiele
Die Janssen & Janssen AG und Piet Pietersen existieren natürlich nicht real. Jede Ähnlichkeit mit echten Firmen oder Personen ist rein zufällig und nicht beabsichtigt. Die Namen klingen einfach cooler als »Mustermann«.

Was macht Projekte aus?
Die verschiedenen Perspektiven, unter denen Projekte gleichzeitig gesehen werden können, haben Mark Winter und Tony Szczepanek in ihrem Buch »Images of projects« (Gower Publishing Ltd., 2009) ausgeführt. Ursprünglich stammen sie von von Gareth Morgan, der diese Perspektiven für ganze Organisationen beschrieb (»Images of organization«, SAGE Publications, 1986).

Standards und Normen
Es gibt verschiedene Organisationen, die Normen und Standards im Projektmanagement veröffentlichen und auf deren Gültigkeit weltweiten Anspruch erheben. Sie haben unterschiedliche Schwerpunkte und Sichtweisen, und mit so manchem ihrer Vertreter lässt sich herrlich über die reine Wahrheit streiten. Oder man akzeptiert Pluralität nicht nur im Projekt, sondern auch, was die Normen im Projektmanagement angeht – dann wird diese Vielfalt zur Bereicherung.

- **Deutsche Gesellschaft für Projektmanagement (GPM)** und **International Project Management Association (IPMA):** Der Ansatz von GPM, dem Deutschen Fachverband für Projektmanagement, und IPMA, einem internationalen Dachverband für über 60 Länderorganisationen, ist kompetenzorientiert: Ein Projektmanager muss über technische Kompetenzen (Projektplanung, Kosten, Risiken etc.), persönliche Verhaltenskompetenzen (Leadership, Kreativität, Konfliktmanagement etc.) und Kontextkompetenzen (Betriebswirtschaft, Recht, Sicherheit etc.) verfügen, die in der International Competence Baseline (ICB) beschrieben sind. Mehr Infos unter www.gpm-ipma.de.
- **Project Management Institute (PMI):** Der PMI-Ansatz ist prozessorientiert und beschreibt Projektmanagementstandards anhand von Prozessgruppen, durch die Projekte (ggf. mehrfach) laufen: die Initiierung des Projekts, Planung und Durchführung, dabei Überwachung und Steuerung, bis hin zum Abschluss. In jeder Prozessgruppe sind Tätigkeiten aus neun bzw. zehn Wissensgebieten notwendig. Das Standardwerk der PMI heißt Project Management Body of Knowledge (PMBoK). Mehr Infos unter www.pmi.org.
- **Prince2:** »Projects in controlled Environments« ist ein weltweit verwendeter Standard für IT-Projekte, der aus England stammt. Mehr Infos unter www.ogc.gov.uk/prince2/.
- **V-Modell XT:** Dieses Modell ist ein Standard aus der Softwareentwicklung, der besonders die Verzahnung der Zusammenarbeit von Auftrag-

geber und Auftragnehmer und die dazu notwendigen Dokumente im Blick hat. Bei vielen öffentlichen Ausschreibungen in Deutschland muss das Projekt nach dem V-Modell XT durchgeführt werden. Mehr Infos unter www.v-modell-xt.de.
- **In der DIN 69901** und der internationalen **ISO-Norm 21500** sind ein Prozessmodell für Projektmanagement beschrieben und einige Methoden und Begriffe definiert.

Grundlagenwerke zum Projektmanagement
Es gibt sie, die richtig dicken Wälzer und klassischen Grundlagenwerke des Projektmanagements. Dort finden sich alle Methoden und Ansätze des klassischen Projektmanagements, die in diesem Buch nur angerissen werden, und noch viel mehr ausführlich erklärt. Wer also tief einsteigen und Profi-Projektleiter werden möchte, wird nicht darum herumkommen, sich eines davon zuzulegen:
- Bea, F., S. Scheurer & S. Hesselmann: Projektmanagement. UVK Verlagsgesellschaft, 2011.
- Kerzner, Harold R.: Project management: a systems approach to planning, scheduling and controlling. John Wiley & Sons, 2013.
- Patzak, Gerold & Günter Rattay: Projektmanagement: Leitfaden zum Management von Projekten, Projektportfolios, Programmen und projektorientierten Unternehmen. Linde Verlag GmbH, 2008.

Für den Einstieg tut es aber auch dieses herrlich handliche Werk: Schelle, Heinz: Projekte zum Erfolg führen: Projektmanagement systematisch und kompakt. CH Beck, 2014.

Die Vielfalt und Breite des Know-how im Projektmanagement lassen die »Project Roadmap«-Übersichtsposter erahnen, in denen Raimo Hübner liebevoll unzählige Methoden und Ansätze sammelt, clustert und auf Postergröße visualisiert. Kostenfrei abrufbar unter www.project-roadmap.com.

Sozialpsychologische Quellen
In das Kapitel »Die Stakeholder« sind einige Quellen aus der Psychologie eingeflossen. Die Maslowsche Pyramide stammt natürlich von Abraham Harold Maslow (1943). A theory of human motivation. Psychological review, 50 (4), 370.

Auf die Relevanz der Selbstbestimmungstheorie für modernes Stakeholdermanagement hat mich Friederike S. Bornträger aufmerksam gemacht (http://fsborntraeger.de). Zur Selbstbestimmungstheorie: Deci, E. L., & Ryan, R. M. (2000). The »what« and »why« of goal pursuits: Human needs and the self-determination of behavior. Psychological inquiry, 11(4), 227–268.

Das Harvard Konzept ist ein Klassiker und nachzulesen in: Fisher, Roger, William L. Ury and Bruce Patton: Getting to yes: Negotiating agreement without giving in. Penguin, 2011. Genauso ein Klassiker sind die Stufen der Konflikteskalation von Friedrich Glasl: Konfliktmanagement: ein Handbuch zur Diagnose und Behandlung von Konflikten für Organisationen und ihre Berater. 4. Aufl., Bern u. a.: Haupt Verlag (1994).

Das beim Thema Crew Resource Management erwähnte abgestürzte Flugzeug war der Eastern Air Lines Flug 401, der in den Florida Everglades am 29. Dezember 1972 101 Todesopfer forderte.

Die Phasen der Teamentwicklung wurden beschrieben von Bruce Tuckman und Mary Ann Jensen (1977): Stages of small-group development revisited. Group & Organization Management, 2 (4), 419–427.

Zu den Rollen in Teams: Belbin, R. M. (2011): Management teams: why they succeed or fail (3. Aufl.). Amsterdam: Elsevier/Butterworth-Heinemann.

Die Kritik zu Organigrammen und auch der Vorschlag, sie neu und sprechender zu gestalten, kommt von niemand geringerem als Henry Mintzberg: Mintzberg, H., & Van der Heyden, L. (1999). Organigraphs: Drawing how companies really work. Harvard Business Review, 77, 87–95.

Spätestens, seit Design Thinking von Tim Brown, Inhaber der IDEO Beratungsfirma, in der Harvard Business Review (Heft Juni 2008) beschrieben wurde, ist es ein Trendthema geworden. Der Übersichtsartikel von Lucy Kimbell zu Design Thinking verschafft Ihnen einen guten Eindruck davon, wie unscharf der Begriff und die Methode bislang definiert sind: Kimbell, L. (2011). Rethinking Design Thinking: Part I. Design and Culture, 3 (3), 285–306.

Das Modell der Six Thinking Hats stammt von Edward De Bono: Six thinking hats. London: Penguin 1989.

Group Think wurde ursprünglich von Irving Janis erforscht und beschrieben. Eine Zusammenfassung dazu gibt es von James Esser (1998): Alive and well after 25 years: A review of groupthink research. Organizational behavior and human decision processes, 73 (2), 116–141.

Im Group Think kommen einige weitere Phänomene der Psychologie zusammen, wie etwa der Confirmation Bias, Availability Trap, Status Quo Bias und Overconfidence. Zu diesen und noch mehr Denkfallen des menschlichen Geistes ist die Forschung von Amos Tversky und Daniel Kahneman ein Schlüssel.

Eine empfehlenswerte Zusammenfassung ist das Buch »Thinking Fast and Slow« von Kahneman (Farrar, Straus and Giroux Verlag, 2013).

Agile Ansätze für das Projektmanagement
Das sog. Agile Manifest als gemeinsames Credo der leichtgewichtigen Ansätze in Opposition zu klassischen Projektmanagementmethoden ist online zu finden unter http://agilemanifesto.org, seitdem es im Februar 2001 formuliert wurde. Inzwischen gibt es viel Literatur zu dem Thema, so z.B.:
- Cohn, Mike. Agile estimating and planning. Pearson Education, 2005.
- Highsmith, Jim. Agile project management: creating innovative products. Pearson Education, 2009.
- Oestereich, Bernd / Weiss, Christian. APM – Agiles Projektmanagement. Erfolgreiches Timeboxing für IT-Projekte. dpunkt verlag, Heidelberg, 2008.

Das Kanban-Konzept wurde bei Toyota in den 1950er Jahren entwickelt, dort wurden auch schon die 5W-Methode und eine Form des Staffelläuferprinzips eingesetzt. Beschrieben von Taiichi Ohno in: Toyota production system: beyond large-scale production, crc Press, 1988.

Die Theory of Constraints und das Critical Chain Konzept für Projekte wurden von Eliyahu Goldratt in zwei unterhaltsamen und gehaltvollen Büchern dargestellt für Produktionsunternehmen in den Büchern: »Theory of constraints« (Croton-on-Hudson: North River, 1990) und »Critical chain: A business novel.« (Great Barrington, MA: North River Press, 1997).

Seit einem Artikel im Economist (The Economist vom 19. November 1955) ist nach Cyril Northcote Parkinson die Beobachtung benannt, dass sich Arbeit ausdehnt in dem Maße, in dem Zeit für sie zur Verfügung steht – Parkinsons Law (»work expands so as to fill the time available for its completion«). Noch mehr entlarvende Beobachtungen, insbesondere, was die besonderen Merkmale von Verwaltungen anbelangt, hat er in einem Buch beschrieben: »Parkinson's law and other studies in administration.« (Boston: Houghton Mifflin, 1957).

Risiken
Die Gefahren und die Chancen der unbekannten Ereignisse – »unknown unknowns« oder Black Swan Events – hat Nassim Nicholas Taleb sehr ausführlich beschrieben: The black swan: The impact of the highly improbable. Random house, 2007.

Zur Verwundbarkeit und der klassischen Risikodefinition siehe Alexander, D. (2012): Models of social vulnerability to disasters. RCCS Annual Review, außerdem Gallopín, G. C. (2006): Linkages between vulnerability, resilience and adaptive capacity. Global environmental change, 16 (3), 293–303.

Project Excellence
Das Project Excellence Modell ist eines der großen und zeitlosen Modelle des (Projekt-)Managements. Es lenkt den Blick über den Tellerrand der täglichen Zwänge im Projektalltag und auf die großen Dinge und die Verantwortungen dahinter. Das Project Excellence Modell und Begleitliteratur sind kostenfrei abrufbar unter www.gpm-ipma.de/DPEA.

Stichwortverzeichnis

5-W Methode 84

A

Abrechnungsvereinbarung 41
Abschlussphase, Projekt 149
Adjourning 73
Agenda, Meeting 91
Agiles Manifest 154
Anchoring Trap 115
Änderungswunsch, Auftraggeber 140
Ankereffekt, Schätzung 114
Arbeitsgruppe, Definition 71
Arbeitspaket 103
Auftragsklärung 31

B

Balkendiagramm, Zeitplan 122
Bedürfnishierarchie, Maslowsche 57
Beratungskosten 112
Blog 94
Bottom-up-Ansatz, PSP 97
Brainstorming 55, 80
Briefing 45
Burn Down Chart 137
Business Case 135

C

Change Request 140
Change-Request-Verfahren 140
Checkliste, Projektmanagement 154
Chritical Chain 126
Cockpit, Projekt 132
Confirmation Bias 115
Controlling 131, 137
Crew Resource Management 70
Critical Chain Projektmanagement 126
Critical Chain Theorie 139

D

Denkfalle 115
Design Thinking 81
De-Staffing 149
Dienstvertrag 39
Dokumentation 150

E

Earned Value Analyse 133
EFQM-Modell 156
»Eh-da«-Kosten 111
Engpassressource 127
Entlastung, Projektleiter 152
Erfolgsprämie 42
Eskalationsstufen, Glasl 62
Expertenschätzung 113

F

FAQ 94
FCM-Modell 49
Feedback, Stakeholder 87
F&E-Projekt 26
Festpreis 41
Finanzmittel 109
Finanzmittel, Definition 22
Forming 72
Framing Trap 115

G

Gantt Chart 122
Groupthink 86
Gründungskosten 112
Gruppenschätzverfahren 114

H

Harvard Konzept 61

Stichwortverzeichnis

I
Ideation 82
Influencer 53
Informative Workplace 132
Informative Workspace 84
Inkrement 101
in Scope 24
Interested Parties 51
Investitionsprojekt 25
Iron Triangle 23
Iteration 101, 116

J
Jour fixe 93

K
Kanban-Methode 106
Kaufvertrag 38
Kick-off 151
Kommunikationsmittel 92
Kommunikationsplan 89
Konfliktanalyse, Stakeholder 60
Konfrontativer Ansatz 65
Kostenpuffer 138
Kostenstelle 119
Kostenstruktur, Projekt 111
kritischer Pfad 126

L
Leistungsumfang, Definition 24
Leistungsumfang, Projekt 95
Lenkungsausschuss 33
Lessons Learned 151
Liefergegenstand, Definition 24
Liquiditätsplanung 119

M
magisches Dreieck 23
Meeting 91
Meilenstein 123
Merchandising 94
Multiplikator 53
Multitasking 128

N
Newsletter 93
Norming 73

O
On-Site-Customer 82
Organigramm 77
Organisationales Lernen 156
Organisationsprojekt 26
out of Scope 24

P
Pair Programming 83
Parametrisches Schätzverfahren 114
Parkinsons Law 138
Partizipativer Ansatz 65
Pauschale 41, 119
Performing 73
Personentag 109
Planabweichung, Gegensteuerung 131
Planning Poker 114, 116
Prämie 41
Pressebericht 94
Product Owner 103
Project Excellence Modell 156
Projektabschlussfeier 151
Projektarten, Definition 25
Projektbericht 89
Projekt Cockpit 132
Projektcontrolling 131
Projekt, Definition 19
Projekterfolg 29
Projektgesellschaft 112
Projekthomepage 94
Projektmanagement, Definition 28
Projektmarketing 94
Projektoffice 34
Projektreport 142
Projektstrukturplan 96
Projektteam 69
Projektziel 20, 45

Q
Qualitätsmanager 34

R
RACI-Matrix 118
Rahmenvertrag 40
Reflexion, Projekt 157
Resilienz 148
Ressource 109
Ressource, Definition 23
Ressourcenauslastung 118
Ressourcenplanung 113
Retrospektive 84
Return on Invest 46
Risikoanalyse 147
Risikomanagement 145
Rollenklärung 35
Rolle, Projekt 32
Root-Cause-Analyse 84
Rückwärtsplanung 124

S
Schätzverfahren 113
Scope 24, 140
Scope Creep 48, 141
Scrum 103
Selbstbestimmung 58
Selbstorganisierendes Team 75
Sit Together 80
Six Thinking Hats 85
Soll-Ist-Analyse 133
Sprint 129
Stabsstelle 77
Staffelläuferprinzip 127
Stakeholder 51
Stakeholderanalyse 53
Stakeholdersystem 55
Stakeholdervalue 156
Stand-up-Meeting 92
Storming 72
Story Point 116
Studentensyndrom 139
Sunk Cost Trap 115

T
Tabellenkalkulationsprogramm 112
Teambuilding 72, 86
Teambuildingphase 71
Teamrolle 74
Teilprojektleiter 33
Theory of Constraints 126
Timeboxing 128, 142
Top-down-Ansatz, PSP 96
Trial-and-Error-Schleife 82
Triple Constraints 23

U
Unternehmen, Definition 21
User Story 105, 116

V
Vertragsfreiheit 39
Vertragsinhalt, notwendiger 42
Vertragsrecht 37
Vertrauen aufbauen 67
VMI-Matrix 117
Vollmacht 40
Vorgang, Definition 123
Vorschuss 42
Vorwärtsplanung 124
Vulnerabilität 146

W
Werkvertrag 38
Win-win-Situation 61
Wissensdatenbank 94
Workshop 93

Z
Zeitplan 121
Zeitpuffer 138
Zieldimension 46

HAUFE.

Ihr Feedback ist uns wichtig!
Bitte nehmen Sie sich eine Minute Zeit

https://www.haufe.de/umfrage/Marketing